一学就会的 博弈学

任利红　编著

U0384168

中国法制出版社

CHINA LEGAL PUBLISHING HOUSE

棋如人生，人生如棋，人生是一场场精彩纷呈、充满智慧的博弈。

当我们身处两难的境地，该怎样决策？

为什么有人一夜翻身迅速完成财富的积累，有人终其一生都碌碌无为？

简单的"石头、剪刀、布"游戏背后隐藏着怎样的玄机？

社交博弈中怎样才能做到进退有度，最大限度地拓展高效的人际关系网？

一见钟情，还是日久生情？

……

无论你是普通的职员还是企业的掌舵人，无论你是身陷爱情的旋涡还是忙碌于职场、商场，只要你还在与这个世界进行着信息交换、人际往来，就无法不博弈！

在人生这盘庞大的棋局上，你可以不懂经济学、不懂教育学，但你不能不知道怎样才能够实现自身利益的最大化；你可以不八面玲珑、心思精巧，但你不能不知道怎样才能够以最有效的方式化解冲突、消除分歧、促成合作、实现双赢，从而实现自我的价值。

博弈学，不是教你斗心眼，它不能给你提供一夜暴富，出人头地的捷径。

博弈是从一系列的生活事件中提炼出来的行为规则，教你学会运用策略性思维，帮助你从理性的角度去看待和分析事物，最大限度地预测对方的反应，并在此基础上做出合理的行动。

如果不懂博弈，你将很容易面临一些风险。美国物理学者约瑟夫·福特说过："上帝和整个宇宙玩骰子，但是这些骰子是被动了手脚的。我们的主要目的，是要了解它是怎样被动的手脚，我们又应该如何使用这些手法，以达到自己的目的。"在博弈论里，很多让你困惑不解的问题将会得到完美的解释。

本书从实用的角度，结合博弈论的基本方法和核心理论，分析各种各样的博弈困境和生活问题，带你走进博弈，看透"游戏"背后的潜规则，探讨不合作行为的成因、什么措施和文化可以促进人与人之间的合作，弄清楚信息博弈、概率博弈、成败博弈、机会博弈、竞合博弈、进退博弈、社交博弈、婚恋博弈、职场博弈、管理博弈、商战博弈、谈判博弈的那些事。

理论服务于现实，现实依据理论。本书编写的主要目的是让读者尽可能轻松、准确地掌握分析问题的方法，解决现实生活中所遇到的那些困惑，而不是仅限于知道某个具体的博弈观点或者仅仅掌握一些复杂的技术性分析手段。即使掌握大量专业知识、在各自行业乘风破浪的人士，也能从这本书中受益。

学习的最高境界是学以致用、拓展思维、开阔眼界，从而更好地看待世界和自己，从容处理生活的种种喜怒哀乐。相信读完这本书，你会成为更好的自己，坦然自信地笑到最后。

目
录
Contents

第十四章 ▎ 谈判博弈：学会讨价还价的艺术，做大自己的蛋糕

第一章

走进博弈：看透"游戏"背后的潜规则

人生舞台上，处处都有博弈的影子

博弈学和我们每个人的关系都非常密切，它可以解释我们人生中遇到的各种问题，有时候就连很多琐事，也能体现博弈的真谛。博弈之所以如此普遍，是因为我们并不是生活在一个真空的世界，总是不可避免地要和形形色色的人打交道，并且要与各种各样的人进行利益交换。在这个过程中，我们无法避免会遇到各种矛盾和冲突，而博弈学就是研究我们应该如何决策，才能让自己和他人达到一种相对均衡的状态。

在日常生活中，我们常常能够遇到博弈的例子。只不过有时我们没有特别留意，才没有注意到我们其实已经在进行博弈了。

比如，在一个八人住的寝室里，大家共用一台饮水机饮水。可是，在买水的问题上，遇到了很多困难。

寝室长最开始制定的策略是轮流购买。但这种方法实行了一段时间后，寝室成员甲提出了异议："我们每个人喝水的量并不一样，我每天才喝四到五杯水，可是丁要喝十几杯水，比我的两倍还多。结果，我要和他掏一样的钱，这一点也不公平。"甲的话赢得了乙和丙的附和，因为他们周末不住在寝室，喝水的总量相对较少，所以他们也不愿意接受这种平摊式的买水制度。

寝室长十分无奈，只好制作了统计表，将每个人喝水的量严格记录下来，然后让每个人按照自己喝水的多少交纳相应的费用，再用这笔费用购买饮用水。寝室长认为这样做很公平，可是又有人表示了不满，因为送水公司并不负责把水送上楼，所以每次都需要有人去楼下将沉重的水桶搬上来。负责搬水的人觉得自己吃了亏，要求少交一些饮水费用，但这个提议又引起了其他人的抗议。

寝室长只好又开始制定新的策略，可是每一个策略在实施后都会出现问题。最后，大家都不愿意买水，寝室里经常发生"水荒"。

在这个案例中，寝室里的成员在无形中就走入了一种博弈的困境，他们都试图用最小的代价去获取最大的利益，却不考虑如何让集体利益最大化，最后导致集体获得的结果恶化。这也说明，在博弈中，如果一味地从最有利于自己的方向进行决策，未必会获得最佳的结果，最终很有可能导致每个人的利益都无法得到保障。

这个案例也让我们看到，博弈就在我们的身边，就连一个小小的买水问题也需要用博弈的思路去解决，更遑论其他复杂多变的问题了。

事实上，在我们生活的各个方面都能够看到博弈的影子。在工作中，我们有时要和上司博弈，有时要和下属博弈，有时还要和同事以及相关单位的人员博弈。在生活中，我们要和商家博弈，有时甚至要和自己的家人、朋友等进行博弈。

我们需要从事什么样的工作？该不该做出购买的决策？选择与谁合作？要不要参与竞争？……凡此种种问题，都需要用博弈的思路去应对，而博弈的结果，不仅取决于我们自己如何"出招"，还会受到他人"招数"的影响。所以，我们必须懂一些博弈的知识，要用博弈的思维认识事物的关系，才能找到最佳的策略，让自己变得更加成功。相反，要是我们不懂博弈，就难免会犯下各种"短视"的错误，让自己遇到各种各样的麻烦，甚至还可能让自己与他人之间的关系变得不再和谐。

那么，我们该怎样正确地认识博弈呢？这需要我们首先弄清楚以下几个要素：

1. 局中人

局中人就是博弈的参与者、当事人，其中既有个人，又有团体、组织。如果只有两个局中人，称为"两人博弈"；如果多于两个局中人，则称为"多人博弈"。无论是哪一种博弈，局中人都会为了达到自己的目的，从自身利益最大化的角度出发来选择行动的策略，因而也要承担相应的后果。

2. 策略

策略就是可供局中人选择的全部行为或计策的集合。通俗地讲，局中人会根据自己获得的信息，做出判断，制定出相应的方案、策略。这样的策略显然不会只有一种，特别是越困难、越复杂的博弈，可供局中人选择的策略会越多。而博弈的关键就是从策略的集合中选取一个能够帮助自己获取最大利益的策略，即最优策略。因此，找到最优策略就成了博弈制胜的核心。

3. 效用

效用就是局中人之间相互争夺的利益。不管是哪一种博弈，它实际上都是围绕相关的利益展开的。局中人采取了不同的策略后，其利益得失也会有所差异，而博弈胜负的结果就是立足于利益得失来评判的。如果局中人采取某种策略，为己方争取到了最大的利益，同时付出的成本极少，那就说明这种策略的效用是最大化的；反之，则说明策略的效用是非常小的。

4. 次序

次序就是局中人做出策略选择的先后顺序或者重复的次数。次序看上去不太重要，可实际上能够决定博弈的结果。比如，有一个非常简单的"拿硬币"博弈：局中人A和B每人每次可以从任意两个罐子中拿取1—10枚数目不等的硬币，两个罐子中各装有100枚硬币，谁先拿完两个罐子中的所有硬币便可胜出。在这场博弈中，谁最先行动就会具有决定性的优势，如果 A 先行动，哪怕只是取出 1 枚硬币，最后也能获胜。这就说明了次序对于博弈的重要性。所以，在现实中，有的博弈往往会要求局中人同时做出决策，这样才能保证结果的公平合理。

5. 均衡

均衡就是所有的局中人对博弈结果感到满意，从而达到一种稳定、平衡的状态。但是，这种均衡往往是很难实现的，它需要局中人不一味地追求占尽好处，而是要有舍有得，有进有退，以较小的牺牲换得较大的利益，这样才能逐渐实现双赢乃至多赢的理想结果，从而避免双方或多方利益受损的恶劣局面。

以上这些正是一场完整的博弈需要包含的要素。当我们掌握了这些要素之后，就可以更好地认识博弈，也可以学着用博弈的思维和策略分析自己遇到的问题，以便能够做出更加理性、更加精准的判断。

博弈要学会向前展望，向后推理

博弈中，人们都想尽可能多地得到利益，同时最大限度地避免风险。但是，每个博弈者的策略都受到多种因素的影响，任何一个条件发生变化都会导致最初的策略发生翻天覆地的变化，按照常规的推理方法便可能会面临无数的变数，推理过程会费心费神，非常麻烦。但是，如果我们换个思路，在保证自身利益最大化的前提下，从结果倒推过程，分析出问题的内在矛盾和冲突，便能降低博弈的难度，轻易找到最佳策略，把复杂的问题弄得一清二楚。

以一遗嘱继承案为例。

一名原告向法院提起诉讼，说被告强占了自己通过遗嘱继承的财产，要求被告退回财产。法院开庭后，被告却情绪激动地说原告手中的遗嘱是无效遗嘱，这笔财产原本就是他的，要求法院主持正义。法官归纳以后，认为本案中双方的矛盾点在于：这笔遗产到底是谁的，应不应该归还？随后，法院开始针对此案进行详细调查，以便弄清楚被告是怎样侵占他人财产的、被继承人死后原本该有哪些继承人、原告被告和被继承人之间的关系、该财产什么时候被侵占、被告用什么手段侵占了财产等等。通过大量的调查，法院发现，问题的焦点根本不在于遗产到底是谁的，而在于遗嘱是否有效。随后，法院调整方向，转而鉴定遗嘱，结果认定遗嘱有效，于是判决原告胜诉，被告归还财产。结果，之前做的大量调查报告绝大部分没有用上。

为什么会这样呢？

按照案例中的描述，原告的逻辑思维过程是：遗嘱有效→通过遗嘱继承财产→财产被侵占→要求归还。而被告的逻辑思维过程则是：遗嘱无效→财产是自己的→不应该归还。法院原本的思维过程是：要正确判决就要分清楚遗产原来是谁的→有哪些继承人→是否有侵占行为→什么时候、怎样侵占等，最终通过这样一步步的调查去判断遗产是否应该归还，以致做了大量的无用功。实际上，如果把原告的诉讼请求作为结论，进行倒推，就会发现其实"遗嘱是否有效"才是本案的焦点，围绕这个焦点进行调查——鉴定遗嘱，自然就能够顺利地解决问题。这样既节约了成本，又高效地解决了问题。

所以，在博弈中我们不仅要学会按部就班、思维缜密地进行正向博弈，也要具备一点倒推思维，学会向前展望、向后推理，拨开迷雾，直击问题真正的焦点。

1. 牢记目标

倒推思维虽然能够帮助我们在纷杂的思绪中迅速找到最有效的方案，但它也可能会让理性的人做出非理性的事情来。因为人们进行博弈的思维基础是人具有的理性。然而，在某些情况下，理性思维不能使自己的利益最大化，甚至阻碍利益的获得，而非理性思维反而能够获得极大的利益。因此，在博弈时，一定要时刻牢记自己的目标，不要让过分的理性思维束缚了自己的行动。

2. 从结果出发

人们总是习惯于从"现在"出发去想问题、做事情。有时候，我们虽然拥有自己的预期目标，但由于我们不知道要实现这个目标，在"现在"这个时刻应该采取些什么行动，所以，只好在非常盲目的状态下想当然地行动，也就是采取"到什么山上唱什么歌"的做法。但当遇到复杂问题的时候，循序渐进的方式有时不但不能解决问题，可能还会面临无数变故。这时，我们不妨将目光直接对准结果，从后往前倒推，找到影响结果的关键因素。同样，如果为人做事，甚至学习中需要面对纷繁复杂的局面，与其按部就班、一个一个地解决问题，不如转换思维，将目光直接对准目标，有针对性地采取措施。运用这一方法，我们可以推理出自己在实现目标的前一步该做什么，目标的前一步的前一步该做什么，目标的前一步的前一步的前一步该做什么……如此推导，就能得出自己"现在"该做什么了，然后只要按照所推理的返回去运作，一步一步地努力完成，就一定能在预期的时间里实现自己的目标。

3. 结合对方可能采取的策略

博弈中，参与各方的策略和利益分配都要建立在其他博弈者的策略的基础之上，每个人都是相互依存、相互影响的，单纯从自己的目标出发去选择策略就会陷入闭门造车的困境，很容易被对方打乱阵脚。更何况，向前展望、向后推理这种思维理念的局限性在于我们对于未来的判断只是一种预判、一种预测，而非既成的事实，而现实的博弈是一个动态的变化过程，会受到各种因素的影响，一旦某个条件发生变化，整场博弈，乃至博弈者个人的目标都可能发生变化。所以，博弈中我们也一定要先考虑好博弈行为方将会采取什么样的措施，只有在没有后续的博弈方牵制或后续博弈方的策略确定的情况下才能做出最终决定。

巧妙出招才能获得最大利益

博弈是一场"点石成金"的游戏，但博弈也并非随随便便就可以实现利益最大化。事实上，在博弈中策略是获取利益的手段，只有巧妙出招才能够获得最大利益。

两名大学生甲和乙租下一套两居室的房子。甲的专业好，找工作顺利，经济条件要好些，而乙家庭条件一般，刚刚找到一份普通的工作，收入有限。房子总的租金为一个月6000元，内有两间卧室，大卧室大概30平方米，里面有独立卫生间，小卧室20平方米，带一个小阳台，但没有卫生间，住在里面的人只能用房间外面的卫生间。那么，这两人要怎么分摊房租呢？

按常理来说，根据卧室的面积大小来分摊就可以了，大房间的房租为6000×30/（30+20）=3600（元），小房间的房租为6000×20/（30+20）=2400（元）。

甲宁愿多掏钱住舒服的房间，所以他选大房间，但乙对这个方案表示不满，理由是小房间里没有卫生间，只能用公共卫生间，便利性更差一些，按面积均摊房租不合理。甲只好放弃这个方案。

后来，甲提出，既然如此，不如大家都将自己心目中的每间房的价位写下来，然后取两人所写的价格的平均值，前提条件是两人写的价格总和必须是6000元。乙接受了。于是，两人分别写下了房租分摊方案。甲：小房间2200元，大房间3800元；乙：小房间2300元，大房间3700元。最后，两人的方案就是小房间（2200+2300）÷2=2250（元），大房间 3750 元，甲要出的钱少于自己提出的方案，而乙也是如此。虽然甲比按照面积分摊要多出 150 元，但是，他得到了自己想要的房间，同时可以和邻居搞好关系，以后不会再因为这件小事而闹得不愉快，乙则认为自己虽然不方便，但房租要比原来的方案少了 150 元。两人皆大欢喜地接受了这个方案。

在这里，两人正是通过博弈找到了最佳策略——让双方都满意、让博弈利益最大化的方案。

其实，在人生的竞技场中也是这样，虽然事实上并没有什么法则可以让人们在极短的时间里百分之百成功，就像生活中从来就没有真正的"不老神"一样，但我们仍然能够通过巧妙出招改善我们在竞争中的处境，增加获得成功的机会，得到最大化的利益。

1. 选择优势策略

在博弈中，选择何种策略极大地决定了博弈者获得利益的大小。而优势策略就是优于其他任何策略的策略，它能够帮助博弈者占据优势地位，给其带来更多的收益，从而使其获得更为美好的未来。所以，无论什么时候，你都要找到那个相对于其他策略更能够解决问题、更能够实现利益最大化的优势策略，并严格地执行它。

2. 剔除劣势策略

与优势策略相对的，是劣势策略。劣势策略也就是劣于其他策略的策略，它会让博弈者丧失博弈的主导权或者主动权，陷入被动地位，最终减少所得利益。而这与博弈者追求利益最大化的理性特征是完全相反的，不符合博弈者的根本利益。在博弈中，我们可以在众多的策略中找到那个不利于利益实现的、最差的劣势策略，即严格劣势策略，然后将之剔除，并继续在剩下的策略中剔除那个较严格劣势策略稍好但仍然无助于利益最大化的弱劣势策略，直到找到那个优势策略为止。

3. 先发制人，还是后发制人

博弈的次序也会影响博弈者是处于劣势还是优势地位。比如，在抢占市场的博弈中，先下手的人会更有优势、更有资本和机会去建立行业规则、更能获得稳定的客户群和市场份额，而后下手的人则只能在夹缝中求生存，在对方的边缘地带获得生机，相对而言更为被动，此时，先发可制人。再如，在猜拳游戏中，先出拳的博弈者几乎完全丧失了主动权，而后出拳的博弈者即使只是晚了 0.3 秒，也足以根据对方的策略调整自己的策略，从而改变博弈的局势，使自己胜出，此时，后发可制人。不过，到底是先发制人，还是后发制人，取决于博弈双方的实力对比。倘若实力较弱的人采取先发制人的策略，很可能被人反控，实力强的人后发制人，反而可能降低博弈成本，沿着前人的探索之路更快地取得成功。所以，在博弈中，博弈者要始终对自己的实力和双方的实力对比有一个清晰的认知。

4. 立足现在，着眼未来

博弈的根本目的是利益最大化，但很多时候，博弈都不是一锤子买卖，而是长期、持续进行的。如果仅仅追求眼前的利益最大化，就可能被蒙蔽双眼，在未来栽大跟头。所以，选择策略的时候，我们要将眼光放长远，立足现在，着眼未来，从长期合作的角度去审慎地选择策略。

会博弈，才能笑到最后

博弈，不是教你算计人心，也不是教你赌，而是在自己能力范围内最大限度地实现自身利益，是教你在竞争中以最有效的手段占据优势地位，是教你在面对任何困难的时候都能够坦然地找到应对之策。因为博弈是一场"点石成金"的游戏，具有博弈思维、会博弈，你才能笑对人生。

催款员到某公司催款已有数次，都没要回分文。一次，他在该公司负责人的办公室等候，观察到进进出出的员工都在恭维负责人的点子好、主意对头、领导有方，负责人本来板着的脸孔便露出得意的微笑，乐颠颠地陷入自我陶醉之中。这时，若你有事找他办，他都一一批准，顺顺当当。催款员发现了这位负责人好大喜功、经不起吹捧、爱面子的弱点，于是想到了个主意。他走进负责人的办公室，四处看了看，寻机接住对方的话头，开始对欠款公司的发展、规模、能量、信誉等展开了评论，讲得有理有据、头头是道，时而显露出敬佩之意。负责人越听越高兴，索性自己滔滔不绝地讲起"治理经"，催款员马上变成了一个耐心的"听众"，偶尔说几句助兴的话，使负责人觉得两人谈得很投机。催款员见时机成熟，便马上说："像您这么稳重成熟、思考周密，一般人在您这个年龄很难做到啊！"一句话又使得对方将自己的经历和盘托出。最后，催款员转入正题，叹道："难哪，就像我催款一样，总也不见效，对上面不好交代。您这么洒脱的人，给我办了，相信不为难吧？"负责人爽快地答应说："你也跑好几趟了，很不容易，下个周一，你找王副总拿款吧！我给他打个招呼就行了！"终于，棘手的问题迎刃而解。

催款员之前屡次出击都无功而返，而这次达到目的，原因很简单：他找到了那个最能够打动对方的突破口，然后对症下药，克敌制胜。

正如耶鲁大学教授巴里·奈尔伯夫所说的那样："不管我们是否乐意，我们每一个人都是策略家。"最重要的是，我们最终的决策将影响甚至决定未来的发展和最终的结果，懂博弈、会博弈，我们便能够正确衡量所做出的决策是否与自身利益最大限度地保持一致，反之，则可能事与愿违。为了能够做出更有利于自身的选择，也为了与他人更好地合作，你需要学习一点博弈论的策略思维。

1. 要尽力争取，也要相机而行

很多事情的成败都是许多主客观因素共同作用的结果，人们只有把握住最有利的条件和机会，选择最恰当的方式，同时做好面对失败的准备，必要的时候还要学会随机应变，见机行事，最终才能获得最大化的利益。而这也正是博弈理论的精髓之一。

2. 不要迷信博弈

正如诺贝尔经济学奖得主莱因哈德·泽尔滕教授所说："博弈论并不是疗法，也不是处方，它不能帮我们在赌博中获胜，不能帮我们通过投机来致富，也不能帮我们在下棋或打牌中赢得对手。它不会告诉你该付多少钱买东西，这是计算机或者字典的任务。"博弈不可以用来解决所有问题，而只是力图在最简单的假设下得到最大范围的推理应用。它提供了一种思考问题的新角度，为我们呈现出各种策略的优势劣势，但并不能为我们提供切实有效的解决问题的方式。所以，我们可以利用博弈论来服务于我们的生活、工作和人际交往，但不能将博弈论当作万金油。

第二章

困境中的博弈：身处两难境地，
要学会慎重出牌

"囚徒博弈"的真相，两害相权取其轻

作为博弈论最经典的入门范例，囚徒困境历来受到人们的重视。1950年，美国普林斯顿大学的数学家塔克曾经设立了这样一个囚徒困境的经典模型：

警方抓获了两名嫌疑人——甲和乙，种种迹象显示，这两人涉嫌杀人、盗窃。不过，由于警方并未掌握确切的证据，所以还不能马上给他们判刑。年纪较大的嫌疑人辩称自己只不过是碰巧遇到了凶杀案，又贪心作祟偷了点东西。

为了确定杀人犯，警方将两人隔离开来，分别进行审讯。两人被告知：警方已经掌握了充分的盗窃证据，他们将会因为盗窃被判1年刑期。如果坦白揭发同伙杀人的罪行，坦白者将被无罪释放，但被揭发者要被判30年刑。但是，如果两人都坦白，那么，两人都只要被判15年刑。

那么，甲和乙该怎么办呢？他们面临着两难的选择——坦白或抵赖。接下来，两人将会有四种选择：己方坦白，而对方抵赖；己方抵赖，而对方坦白；双方都坦白；双方都抵赖。

如果自己选择抵赖，对方选择坦白的话，那么，自己就要承担所有的后果，要坐30年牢，而对方会被无罪释放，这显然是最不划算的结果。

如果自己坦白，而对方抵赖的话，自己则会被无罪释放。

如果双方都坦白，最多也只判15年。

如果双方都抵赖，那么大家都只会被判1年。但是，由于无法串供，没有人能够保证对方一定不会坦白，反之，一旦对方坦白，自己就会被重罚，所以，这个最佳策略往往会第一时间被抛弃。

也就是说，在不信任和相互防范的心理状态下，抵赖将是风险最大、后果最严重的一种策略，会使博弈者面临罚上加罚的结局，所以，权衡的结果是：两人都选择了后果相对较轻的一种策略——坦白。

从中，我们可以看出经典的囚徒困境的真相——两害相权取其轻。

"囚徒困境"是一个具有普遍意义而有趣的博弈论，可以说是理性的人类社会活动最形象的比喻，并深刻地揭示了独立个体在沟通被阻断的状态下，所面临的被动的糟糕境地。从个体的角度来说，在这种情况下，两害相权取其轻，可以帮助博弈者摆脱最糟糕的结果，即使不能使其最终的收益最大化，也能够在一定程度上保证博弈者的利益不至于遭受太大的损失。

一位美容师 A 在美容院工作一段时间后，对目前的待遇不甚满意。他每天要接待 8—10 个客户，工作时间长达 11 个小时，能够留住八成的老客户，工资待遇加上各种福利大概一个月 1 万元。他评估过自己和这一行业，也尝试着联系了一家需要招聘美容师的美容院，对方给出了13000 元的待遇。只是如果跳槽的话，一切都要从头开始，机会固然更大，做得好的话，待遇将会比现在高出一大截，但他之前积累的客户群就不存在了，还需要面临和新同事、新公司的磨合问题。如果不跳槽，现在的老板能够给他涨薪，哪怕只是 10 个点也行，虽然待遇上可能比不上新公司，但一切都是熟门熟路。深思熟虑后，美容师向老板提出涨薪 10%。

与此同时，美容院老板也有自身的考量：与这位美容师同时进来的一共有三位美容师，大家经验技术相当、年资相当，算是美容院的元老，而且三人关系融洽，如果给 A 涨薪，那么势必也要给其他两人涨薪，否则，很容易引起矛盾，如此一来，美容院的人力成本就会上升。由于美容院本身规模不大，再加上最近刚刚更换店面，房租已经上涨了 10%，若再给员工大幅涨薪，美容院承受的压力将会很大。如果不涨薪，A则很可能离开，另外两人也有可能留不住，而美容院不可能在短时间内培养出优秀的美容师，这无疑是最坏的结果。

美容师A和美容院老板将如何取舍呢？

在这个案例中，美容师A和美容院老板都有各自的选择。

美容师A——跳槽去能够提供13000元工资的新美容院，能迎来新的机会，待遇方面会有很大的提升，称得上是非常好的结果，只是这样也会面临一定的变数；在现在的美容院，获得10%的涨薪，虽然工资没有那么高，但做得更得心应手，这算是一个比较好的结果；保持现状，局面没有任何突破，算是最坏的结果。

美容院老板——接受涨薪，增加一定的人力成本，算是相对较好的结果，短时间内不必面临大的核心人员的流失；拒绝涨薪，美容院不必增加人力成本，但会面临三名核心人员流失的风险，而这个后果对美容院而言将是很大的损失。

哈佛硕士罗伯特·道奇说过："社会契约在社会收受之处进行讨价还价，然后在所有的选择面前衡量得失，做出取舍。"同样，权衡之后，美容师A和美容院老板选择了所有的结果中相对较好的一种——在合理范围内涨薪。虽然这个结果并非让所有人都最满意的，却是相对而言损失不那么大的。

显而易见，囚徒困境中博弈者之间的利益并非完全抵触。美国人埃·哈伯德说："聪明人都明白这样一个道理，帮助自己的唯一方法就是去帮助别人。"博弈中，理性的博弈者应该走出一己之私，站在更高的角度去看待自己的得与失，做出一定的妥协、让步，找出后果不那么严重的选择，为别人留路，也为自己留路。

1. 该妥协就妥协

一旦陷入两难的困境，在没有十全十美的、既能保全自身又能使自身利益最大化的选择时，就要两害相权取其轻，改弦易辙，以暂时的妥协换取相对的安全，不要因为一时的固执或偏执而造成最坏的结果。

2. 合作

如果说有什么灵丹妙药可以保证"囚徒"不至于遭受更大的损失，则莫过于合作。当大家选择合作的时候，不管是个体还是群体的利益，都能够得到保证。这就需要大家互通有无，站在对方的立场上去分析博弈的整个局势及其得失，设身处地地为对方的利益考虑，以集体利益的实现换取个人利益的保证。

3. 将每一次博弈都当成漫长博弈的一个阶段

囚徒困境中，囚徒的博弈是一次性的，这次博弈结束后，双方将不会再有下次博弈。这样，双方都不会去考虑自己这次的背叛在不远的将来会带来怎样的后果，以至于毫无顾忌地选择背叛策略。要破解这个难题，一个有效的措施是将每一次博弈都当成漫长博弈中的一个阶段，哪怕事实上双方此后将不会再有接触。

身处"人质困境"，当心枪打出头鸟

人质困境本质上是多人博弈的一种囚徒困境，相对于两人博弈的囚徒困境，这种博弈具有更多的变数，博弈者所要面临的困境也更难以破解。

傍晚时段，在一辆公交车上，人们在车子的颠簸摇晃中昏昏欲睡，突然有人从座位上站起来，手中拿着匕首，捅向了站在旁边的乘客。一个又一个的乘客倒下，剩下的人又惊又怕又愤怒，乱作一团。有人想挺身而出，犹豫片刻，却不敢行动。车上的人一时间陷入了困境。

在这种境况下，对个人来说，安全的策略是往后躲，因为歹徒不可能一直行凶，而自己也可以获得一定的回旋余地。如果自己挺身而出选择反抗，那么，如果没有人紧随其后怎么办？如果自己被杀死该怎么办？但选择这种策略的结果往往是更大的伤亡。

对大众来说，最有效的策略是聚沙成塔，集腋成裘，车上的人联合起来，同时采取行动，共同制服歹徒。这样，所有人都将摆脱凶手。但是，谁能保证所有人都能够参与进来，积极行动，而谁又会成为第一个出头的人？

也正是因为这些顾虑，很多在人群中行凶的歹徒获得了机会，对受害者采取一一击破的策略，并最终得手。

这就是对人质困境的形象化阐述。在这种困境下，很容易出现一种让人无法接受的结果——枪打出头鸟。第一个行动的人将会付出沉重的代价，甚至为此付出生命的代价。也正因此，人质困境也被称为"出头鸟困境"。

当然，生死攸关的人质困境属于比较极端的情况，出头鸟很可能成为最终的牺牲者。而在日常的生活和工作中，人质困境的问题也很常见，如何避免成为出头鸟同样值得考虑。

自从公司里来了新的直属领导以后，安琪就发现办公室的气氛明显不对，很多同事都对新领导的一系列措施感到不满。按照公司目前的状况来说，那些措施不仅不能解决问题，还使员工在处理人事关系上耗费了大量的精力和时间。

所以，休息的时候，几名员工就会聚集在一起议论，最后大家都说要给新领导提意见。安琪一向开朗外向，快人快语，进公司也最久，便毛遂自荐直接去跟新领导说了。

新领导听完她的意见，笑笑说："我刚来，很多东西不熟悉，谢谢你的提醒，我会考虑一下。"

安琪从新领导的办公室出来的时候，心里很高兴，毕竟自己做了对公司有好处的事情。接下来的几天里，安琪可以感觉到当初的那些措施有了些许的调整。

然而，没过几天，安琪就被新领导调到了一个不起眼的岗位上，而一个当初说要提意见却没有出面的同事反倒后来居上，接替了安琪的职位。这让安琪非常困惑，问题出在哪里呢？

问题就出在安琪充当了出头鸟的角色。在这个案例中，安琪和同事就是"人质"，新领导则充当了"行凶者"这个角色。新领导的措施不太符合公司的情况，这是大家都知道的事情，但新官上任三把火，新领导的权威不是谁都可以挑衅的。所以，安琪和同事有三个选择：都不出头，等领导自己发现问题不对，然后予以调整，这个过程可能很长，或者永远都不会调整；大家一起去说，但没有人可以保证所有人都能够拧成一股绳，而不是事到临头反戈一击；推荐一个人说，但这个人会成为出头鸟，一旦有负面结果，惩罚将会全部降临到这个人的身上。很遗憾，安琪就成了这样一个人。

正所谓"出头的椽子先烂"，贸然充当出头鸟可能会招致严重的后果，甚至是毁灭性的灾难，所以，在人质困境中，博弈者需要谨慎处事，收敛锋芒，在保证集体利益的前提下，仔细衡量各种策略的优劣得失，找到折中的方案，既解决问题，也能避免自己成为倒霉的出头鸟。毕竟，你不能要求其他博弈者都能够和你一样地考虑问题。

1. 考虑周全再行动

在行动之前，博弈者应该先将其他博弈者可能采取的所有策略考虑清楚，分析其优劣，衡量各方的利益状况，并按照顺序将思考的结果列下来，排除对自己不利、无益于集体利益的策略，找出能够最大限度地保护自身的策略。

2. 了解清楚"凶手"的情况

在人质困境中，真正掌握人质主动权的人并不是"人质"自己，而是"凶手"。公交车上的人质案例中，"凶手"可以通过种种方式限制"人质"之间的信息沟通，消除其达成一致、共同行动的可能性，也可以通过胁迫或伤害"人质"的方式使第一个行动的人萌生退意，从而掌控整个局面。所以，"人质"在决定充当出头鸟之前，一定要弄清楚"凶手"的爱好、习惯、目的、可能采取的策略、所采取策略的后果等问题，必要的时候，可以适当满足"凶手"的一些需求，如物质需求、精神需求等。

3. 加强沟通

所谓的人质困境，成立的前提条件是"人质"之间沟通不畅、信息阻隔，一旦彼此之间达成一致，这种困境也就不存在了。所以，在生活和工作中陷入人质困境时，博弈者首先需要做的就是收集信息、交换信息，实现博弈者之间沟通的顺畅。

走出"旅行者困境"，别让自作聪明耽误了你

在博弈中，每个人都是理性的。但有些时候，理性未必带来好的结果，所谓的聪明也可能是自作聪明，让自己在博弈中承担更大的损失。

哈佛大学教授巴罗提出过一个经典的博弈案例——

两名旅行者在中国旅行时，途经景德镇，特意购买了当地的特产细瓷花瓶。不料，旅行结束去提取行李时，他们发现，经过长途旅行，细瓷花瓶已经被摔碎了。愤怒的两人当即要求航空公司赔偿。航空公司判断花瓶的价格不会超过90美元，但不知道两名旅客的购买价，便请两名旅客在两个独立的房间里分别在100美元以内写下自己的购买价。如果两人的购买价一致，航空公司将承认他们的价格，并照价赔偿。但如果两人写的购买价不一样，则承认较低的价格，并按照这个价格进行赔偿，并给予写这个价格的人2美元的奖励，而另一位旅客将被罚2美元。

从航空公司的角度来看，以最小的投入解决问题是最好的结果。在无法沟通交流的前提下，根据真实情况，两人应该写下一样的价格，反之，就一定是不一样的。如果是后者，航空公司就可按照价格较低的数额进行赔偿。

从旅客的角度来看，最佳策略就是都写100美元，这样，两人的利益最大化，都能够得到100美元。但正如囚徒困境中的两名囚徒一样，这两位旅客此时陷入了博弈之中。A认为，如果自己写99美元，而B写100美元，这样，自己将得到101美元，这个便宜不占白不占，他不禁为自己的精明而得意。同时，B认为A一定会写比自己低的价格，比如98

美元，那如果自己写 100 美元或者 99 美元，岂不是成了傻瓜？但如果自己写 97 美元，自己就会得到 99 美元，而 A 则只能得到 95 美元……

倘若这个利己的博弈过程一直进行下去，两人所写下的价格会低于真实的购买价，那么是他们将为此付出代价。这就是囚徒困境中的"旅行者困境"。

在这种情境下，每个博弈者都会认为自己聪明，认为所做出的策略于自身更有利，在博弈的过程中斤斤计较、精于算计，却忘了博弈中的各方的利益得失本就是相互联系的。这种精明过头的理性往往会使博弈者总把人往坏处想，而不考虑自身的行为是否会影响对方的决策，以至于酿成"双输"的结果。只有走出旅行者困境，不为利益所限，跳脱出当前的纷杂局面，真正理性、客观、睿智地看待问题，不自以为是，不自作聪明，你才能真正地在博弈中成为胜利者。

1. 看清楚矛盾的本质

从某种程度上来说，旅行者困境本质上是矛盾转移的结果。以瓷器赔偿案为例，矛盾的双方本应该是航空公司和旅客，但航空公司通过小小的伎俩，将矛盾变成了旅客之间的内斗，而航空公司只需要坐收渔利，这样，只要旅客存在私心，那么，不管他们怎样博弈，最终结果必然是有利于航空公司的——以最小的代价解决这次纠纷。所以，要走出旅行者困境，博弈者一定要看清楚矛盾的本质，分清楚真正的矛盾双方，不要被第三方的诡计迷乱了视线。

2. 诚实面对

在旅行者困境中，旅客之所以得不偿失，是他们因心中对利益的热衷而选择了撒谎、背叛，将个人利益置于集体利益之上。事实上，如果他们能够尊重事实，诚实面对，做出符合实际的策略选择——写下真实的购买价，那么，最终的结果会大不一样。所以，走出旅行者困境的大前提，就是诚实。

3. 选择最不后悔的策略

那两名旅行者可以选择写 100 美元，也可以写 0 美元。但毫无疑问的是，一旦选择的数额小于真实的购买价，就意味着那两位博弈者既得不到赔偿，也得不到瓷器，还在纠纷的处理中耗费了大量的时间和精力。这对于博弈者来说是彻彻底底的赔本买卖，也是最容易让人后悔的策略。对于旅行者困境中的博弈者来说，安全的策略是在众多策略中选择让自己最不后悔的策略，比如，购买价是 80 美元，博弈者就要选择写下高于82 美元的策略，因为，这样不管大家选择的策略是什么，都不会吃亏。

时刻提醒自己，抵御背叛的诱惑

"囚徒困境"中两名犯人明知道最有利的策略是相互不背叛，但最终并没有选择这一策略，而是都选择了坦白，也就是背叛，这是因为，在互不信任的情况下，背叛的利益大于风险。那么，当博弈长期进行下去会怎样呢？

美国密歇根大学学者罗伯特·爱克斯罗德曾经设计过一个实验，他公开征集了一些计算机程序，其主要内容是：任何参加这个竞赛的人都扮演囚徒困境案例中的一名囚犯的角色，把自己的策略编成计算机程序，进行捉对博弈，在合作与背叛之间做出选择，如果一对博弈者中有一方失败，那么该对被淘汰。这个游戏，以单循环赛的方式玩上 200 次。其前提是：一、每个人都是自私的；二、没有外力干扰，每个人都拥有绝对的决策权。也就是说，个人可以完全按照自己利益最大化的目标进行决策。

第一轮捉对博弈中，程序运转了十多万次，最后按照总得分排出名次。一开始，唯一一个不善良的"哈灵顿程序"在前 15 名站稳脚跟。它一直奉行的准则是先合作，然后在对方不经意的时候选择背叛，被报复后就继续合作，然后再背叛。它与对手的利益是冲突的，当它得到高分时，对手必然是低分，也就是说，它的成功是建立在别人失败的基础上的，而失败者被淘汰之时，也是它被淘汰的时候。

不仅如此，当实验进行到最后，研究者发现，那些"不善良"的因子都已经彻底消失了，就像现实中那些被识破后很快销声匿迹的骗子一样；而那些在实验中排名靠前的程序选择的合作策略都包含了主动示好策略，在别人背叛自己之前绝不主动背叛。

这也就意味着，背叛是有利可图，但是，在长期的博弈中，其风险要远远大于背叛得到的利益，而善良、不主动背叛的人更容易达成合作，也会走得更远。

安琪在谈一笔材料加工生意的时候，遇到了难缠的对手。双方针锋相对、锱铢必较，终于协商好了价格，约定第二天签合同。不料，第二天临签合同时，对方提出了一个问题："我方希望价格能降1个百分点。你知道的，这个价格其实很符合市场情况。来之前，我们也找过另外一家加工厂，我与他们谈过，他们开出的价格的确比你的低了1个点。只不过，我想着我们之前经常合作，将单子交给你们，我更放心。如果价格实在谈不拢的话，我也不勉强，我们再找合作方好了。"

安琪刚听到这个消息时几乎要蒙了。她给出的价格已经是最低的价格，再压缩成交价就真的是赔本生意了。最重要的是，她和另外一家加工厂的老板是盟友，大家共同占据了本市的大半江山，大家早就就此问题交流过。如果客户说的是假的，她这时选择降价，就得罪了盟友。但如果不降价，这个客户很可能要失去了。她内心有点慌乱起来。

不过，仔细想想，她还是选择拒绝客户，因为她确信冷静、重利但有原则的人绝不会为了1个百分点，就随便放低底线。冷静下来后，她果断站了起来准备离开，表示不能接受对方的条件。

对手见状，只好做出让步，同意按照之前的协商价成交。

事后，安琪了解到，那家加工厂事实上从未开出过那样的价格。

如果安琪面对对手的讨价还价信以为真，选择背叛，做赔本生意也就是必然的了，而且一旦背叛对方，以后也就很难再得到对方的信任。届时，她与盟友的联盟被打破，于长远利益、长远合作多有损失。所以，在现实中，背叛的风险要大于信任。不管是人际交往，还是工作，我们要时刻提醒自己，要经得起利益的考验，抵御得住背叛的诱惑。

1. 不要首先背叛

正如爱克斯罗德的实验告诉我们的那样，首先背叛固然能带来一定的利益，但没有人会一直做那个以德报怨、甘愿被背叛的傻瓜。这种策略终究无法维持下去，只会破坏成功所需要的条件。所以，聪明的人应该抛弃这种不善良的策略。

2. 遵守游戏规则

当所有人都突破游戏规则，从有利于自身的角度去做出决策的时候，其结果很有可能导致整体非理性的损人不利己。实际上，生活中多次重复的囚徒博弈中，历经多次博弈而形成的各种游戏规则往往是利于整体以及个体利益的实现的。比如，在本文的案例中，安琪与盟友之间形成联盟，共同占据大部分市场份额，遵守游戏规则，有利于他们获得稳定的利润，避免了恶性的价格战；如果安琪单方面选择背叛，打破游戏规则，反而会造成于双方都不利的价格战。所以，一旦遭遇囚徒困境，为了保证自身的利益，有利的做法是遵守游戏规则，促成合作。

3. 不要耍小聪明

在囚徒困境中，我们很容易耍小聪明。然而，事实证明，这样只能得不偿失。而且，复杂的规则也未必会比简单的规则更好。更何况，每个博弈者的策略选择都是相互联系的，你采取什么策略，对方也会根据你的策略调整自己的步伐，最终，你的行为将会反射到自己的身上，因此，大智慧不能少，小聪明要不得。

盲目信任其实是一种冒险

囚徒困境中的囚徒之所以都选择坦白,其中一个很重要的因素就是不信任。因此,走出囚徒困境的其中一个策略是选择相信。问题在于,信任固然可以解决一些问题,但盲目信任反而是一种冒险。

李满是一家公司的老板,他白手起家,在众多朋友的帮助下,终于使公司发展到现在的规模。也正因此,他不仅对帮助过他的人心存感恩,对那些从一开始就跟着他打拼的老员工更是信赖有加。

有一阵子,他在公司里听到传言,说一个跟随他五年之久的业务部经理已经找好了下家,有关部门的核心员工和核心客户都会被带走。据说,新公司依此给其市场总监的职位。对此,他坚持"不听、不信、不理、不管",既不支持,也不打压,反而怀疑是有人故意中伤这位业务部经理,因为这位业务部经理一向都表现得非常忠诚,多次和他一起渡过难关,参加过公司很多大生意的谈判,对公司有非常大的贡献,这时候打压他,难免会伤及公司元老的积极性。更何况,公司对其不薄,这位经理根本没有理由背叛。

两个月后,业务部经理突然辞职跳槽,同时带走了很多客户和几名重要的员工,并在新公司做得风生水起,好几次抢走了李满公司的大客户。而李满的公司失去了大批客户,有几个项目还因此陷入泥潭。

老板对员工信任有加固然是好事,双方之间最理想的状态就是公司信任员工,给员工提供良好的待遇和发展平台;员工忠诚于公司,将公司的事情当成自己的事情去做。最糟糕的状态就是公司对员工不设防，而员工突然跳槽，同时带走重要的资源和经验，使公司遭遇重大损失。现实中，这样的事情有很多，很多人都抱着天真的幻想，发现端倪，还不忍放手，相信对方值得托付，结果犹犹豫豫将事情拖到最糟糕的境地。

关系的亲近，容易让人产生信任感，而信任感也容易让人放松警惕，不会对博弈的其他参与者采取必要的监察措施。随着信任的日渐增强，各博弈方之间的合作交流程度必然会不断递进，最后导致的结果就是博弈者往往无法理性而客观地做出判断和决策。这样，一旦出错，盲目信任者将承担不必要的风险。

可见，信任自始至终都与成功和风险相伴，正如加奎罗在《信任的弊端》一文中说的那样："信任的弊处与其带来的利处是一种对应的关系。"所以，我们与他人进行博弈的时候，一定要明白，盲目信任其实也是一种冒险，是对自身利益的不负责任。

1. 要信任，也要监管

不管是工作还是人际交往，不管是感情处理还是理性决策，信任都是成功合作的必要条件，监管也是在博弈中制胜的不可或缺的要素。监管能够帮助我们建立对风险的预期，促使我们制定出相应的补救措施，降低遭遇背叛的风险，从而避免不必要的损失。所以，本文案例中，听到对自己不利的消息的时候，李满如果能及时采取措施，也就不至于最后遭受重大损失。一句话，博弈中要信任，也要监管。

2. 提高合作报酬

在囚徒困境中，博弈者是背叛还是合作，本质上取决于收益的大小。本文案例中，李满之所以遭遇背叛，很重要的原因就是合作的报酬小于背叛的收益。反之，倘若合作的报酬远远大于背叛的收益，背叛者也就不会如此轻易草率地做出决策。

因此，在博弈中，我们在给予对手信任的同时，也要将合作的报酬明白地摆出来，让对方看到实实在在的收益，从而降低对方利用我们的信任行背叛之实的可能性。

困境，考验的不只是自己

在囚徒困境中，惩罚较轻的抵赖面临风险，坦白成为唯一稳定的现实要求，也就是所谓的"好的不均衡，坏的却稳定"。这个选择的过程不仅仅是博弈的己方所面临的，也是每一个博弈参与者所面临的。

20世纪末，我国的家电行业迅猛发展，众多厂家都投入了大量的人力物力进行家电的生产、推广、销售。但客户群是有限的，在激烈的市场竞争下，一著名品牌家电厂家A宣布降价销售，意图牢牢占据市场份额。为了不被其影响，1999年4月，B品牌、C品牌、D品牌建立彩电联盟，彼此约定绝不参与价格战。

不料，该约定没有维持多久，当月20日晚，B品牌单方面宣布降价销售，以为同伴还能坚持立场的C品牌、D品牌被打了个措手不及。这时候，大的市场方向已经形成，单凭它们两家，根本无力扭转局面，它们只好宣布降价。

就此，我国家电市场的价格战打响。

不过，凡事都有两面性。价格战打压了竞争对手，消化了库存，圈住了客户，却也降低了厂家的利润，进而降低了其在研发、技术改造、营销、管理等领域的投入，大大限制了企业的发展。截至2000年，我国家电行业利润减少百亿元。

为了扭转这种局面，9家家电厂召开峰会，达成盟约，约定统一价格。不料，两个月后，A品牌、B品牌脱离同盟，其他家电厂无奈，只好跟风，再次开启价格战。

在价格战中，博弈参与者很容易陷入囚徒困境中：我不降价，但不能保证你也不降价；你降价了，我不能确定你不会继续降价；如果我还不降价，自然就会在家电产品降价这一大的环境中陷于劣势。降价无异于饮鸩止渴，但是，不降价当即死亡，那么，这价格到底是降，还是不降？

在这样的情况下，一方的选择不仅取决于自身的利益立场，更受限于对手的选择，也受限于环境。如果闭上眼睛只专注于自己的选择，很快就会被竞争对手抛弃，陷入更为被动的境地。比如，D品牌等家电厂商，原本已经和对手约定好不参与降价，却没有制定出全面而详尽的应对措施，完全忽略了对手背叛的可能性；于是，一旦遭遇背叛，便别无选择，根本没有时间去采取技术升级、产品开发等实质上更能够帮助企业在竞争中站稳脚跟的措施。

类似的情况在现实生活中比比皆是。诸如，要不要跳槽、市场不景气要不要追加投资等，都会遇到这样的困惑。

事实上，博弈从来都不是一个人的事情，而是双方或多方的博弈。社会是人与人之间紧密联系的社会。人与人之间不仅仅有竞争，还有合作；不仅仅有个人的利益，还有他人的利益，还可以实现共赢；不仅仅要审视博弈的局中人，也要注意了解外部环境对博弈走向的影响；不仅仅需要考虑每一个博弈策略对己方的影响，也要考虑其对其他博弈者的影响。

要知道，囚徒困境困住的不只是自己，还包括其他人。所以，你做出策略选择的时候不仅仅要着眼于自己过去的策略选择的结果、未来策略选择的后果，更要谨慎而客观地审视对方的策略选择。

1. 该合作时，要毫不犹豫

聪明的博弈参与者不仅仅要有竞争意识，更要具备合作意识；不仅要理性利己，还要感性无私；既要保持独立的个性意识，又要有集体观念和团队精神，从而更好地发挥个体的智慧和创造力；不但会关心自己的需求，该合作的时候毫不犹豫，也会最大限度地促成一系列可以满足他人以及自己利益的必备条件，以实现整体利益的最大化。

2. 该竞争时，结合对手的策略选择理性决策

面临竞争的时候，博弈者应该保持一种冷静、理性、客观的思维和判断，能够在把握对手的策略的同时，始终保持清醒的头脑，适当地对自己的策略进行调整，但是，当坚持己见更有利的时候，也要做到不为对手所扰乱。

3. 树立大局意识

博弈，是在大环境下的博弈，而不是真空里的博弈，更不是囚徒困境经典案例中的那种完全不受外界影响的博弈。正如囚徒困境中的囚徒是否招供，不仅仅是出于刑期的考虑，还会考虑到家人、成功脱罪的概率大小等等情形。同样，在20世纪末我国家电市场的价格战中，厂家是否做出降价的决定，也不仅仅取决于博弈双方的考量，更有其对市场大环境的妥协——技术更新换代的速度越来越快，产品降价是一种必然。所以，作为博弈者，当面临这样那样的两难境地的时候，要有一种大局意识，能够从局部跳脱出来，从整体上、更大层面上去考量整个博弈，乃至策略选择的优劣。

拿起你的契约"武器"，给对方一些约束

囚徒困境中，囚徒选择背叛是因为沟通不畅，彼此之间缺少信任。那么，如果囚徒之间事先已经订下契约，并深信不疑地执行契约，博弈结果会怎样呢？

假如，囚徒们事先约定：不许背叛，一旦背叛，背叛者将会受到惩罚，那么，博弈中的囚徒们就不会轻易地选择背叛。

一对小情侣要装修自己的婚房，但因为工作繁忙，他们没有过多的时间去全程跟踪。再加上家人也都不在本市，无奈，他们只好将装修工作全权委托给一家装修公司。

但是，众所周知，现实中不乏装修公司敷衍塞责、以次充好、拖延工期的情况，很多人都曾因此而吃了大亏。怎样才能避免这一问题呢？思前想后，他们与装修公司签了协议，约定他们支付5万元定金，由装修公司在两个月之内将新房装修完；等交工时，他们会支付剩下费用的一半。如果交工时发现有偷工减料、以次充好、降低装修质量的现象，如瓷砖空鼓、漏水、裂缝等，他们将不再支付剩下的费用，并且由装修公司赔偿损失。

两个月后，婚房装修完成。他们带着懂行的朋友去验收，感觉非常满意。

在和装修公司的博弈中，他们为了避免对方背叛，采取了这样一种策略：委托装修公司装修新房的时候就利用了契约的力量，将双方的权责写明，同时明确规定了惩罚措施。与此相对，装修公司为了避免被惩罚，

采取了合作的策略。在契约的约束下，最终双方走出困境。

所以，在博弈中，如果不想轻易被对方背叛，参与者可以拿起契约这个武器，给对方一些约束，使其同意在违背诺言的时候接受某种惩罚。

1. 博弈前将契约落实到文字上

合同、借据、发票、遗嘱、邮件、信息截图、公证文书等都是将契约落实到文字上的方式，契约一旦达成，就具有强大的约束力，能够提高威胁或承诺的可信度，同时能够补偿博弈者因为采取符合集体利益最大化而不利于个人利益最大化的策略时所带来的损失，博弈者就可能按照集体理性进行决策。一旦双方或其中一方违背契约，就将为此付出沉重的代价，这样，对方在进行策略选择的时候就不会轻易背弃双方的共同利益。

2. 博弈告一段落后要有足够大的惩罚

阿维纳什·迪克西特说过："假如你的无条件行动、威胁或许诺都只停留在口头上……别人可以向前展望、倒后推理，预测到你根本没有动机加以实践，那么，你的策略行动就不会取得理想效果。"这也就是说，订立契约与诚实信用地去履行契约是两回事。生活博弈中，这种明明签了合同却违背协议，以至于给他人造成巨大损失的事情并不少见。比如，甲从乙那里借了 10 万元，并约定一年后的某日归还，这样，两人就订立了契约。但一年后，甲单方面破坏契约，而乙又没有足够的惩罚手段，那么，甲不遵守合同所遭受的惩罚远远小于遵守的奖励，他就有可能背叛契约。因此，奖惩措施要从一开始就明文写入契约，不要寄希望于对方履约的自觉性。

3. 要有执行力

没有执行力就等于没有可信度，没有惩罚措施的契约等同于一纸空文。订立契约后，你必须随时都有强大的执行力，一旦对方想要背叛或者已经背叛，就会为此付出足够的代价。比如，债主对欠钱不还者可以直接抵押其房产、离婚后对方不支付抚养费则从其工资中扣除、对经常不能按时完成工作的员工予以开除、对不遵守交通规则的行人马上开罚单等。这样，在博弈中，背叛者头顶上就时刻悬着一把达摩克利斯之剑，自然会时刻考虑背叛的代价，而不至于轻易选择损人利己的博弈策略。

对此，为了保证博弈结果利人利己，你可以为自己选择一个执行背叛惩罚的人或力量。比如，借助法律的力量，前面所说的合同、借据、公证文书、遗嘱等都具有法律效力，能够从法律上对人们的行为进行有效的约束；借助舆论的力量，就像有人利用他人的同情心骗捐，然后肆意挥霍爱心捐款，但事情一旦暴露，就会招来猛烈的舆论抨击，给骗捐者以强大的舆论震慑；借助感情的力量，有些情侣为了约束情人的行为，就会提出如果背叛就结束感情这样的要求，这就是利用双方感情的力量去保证契约的履行。

第三章

信息博弈：抓住关键信息，方能制胜全局

信息是博弈的筹码

信息，在很多人看来普普通通，只是一些消息而已，正如控制论创始人诺伯特·维纳在《控制论》中所说："信息就是信息，既非物质，也非能量。"但是，信息在博弈中扮演着非常重要的角色，它让博弈者可以绝处逢生、转败为胜，也可以运筹帷幄、不动声色地击败对手。可以说，信息就是博弈中的筹码，谁掌握了足够的信息，谁就能够成为赢家。所以，那些高明的博弈者都极为看重信息的收集和使用。

甲公司和乙公司是竞争对手。几年间，双方你追我赶、互不相让，价格战、挖墙脚、抢客户等手段无所不用其极，却始终没有分出胜负，各自占据了一部分市场份额，再也无法前进一步。前段时间，两家公司得到消息，整个北方地区最大的外贸公司需要一批货，而这批货的数量非常大，如果能够抓住这个机会，获得一大笔订单，公司两年的利润目标都可以实现。为此，两家公司都铆足了劲，投入了大量的人力、物力、时间和金钱，尽可能将工作做到尽善尽美，意图与外贸公司达成协议。

两家公司都对外贸公司进行了深入而详细的了解，准确把握了对方的客户群、产品标准、以往的订货需求等。同时，它们还分别与这家贸易公司进行了接洽，确定对方有明确的意向，但两三个月过去了，两家公司都没有拿下这个客户，而对方也并没有与其他公司签约，这是为什么呢？

困境中，甲公司负责人在自己的朋友圈中偶然得知，该贸易公司与之前合作伙伴的合作出了意外，交给客户的货物不能让客户满意，以至于现在还积压了一部分不能出手，这次不愉快的合作让贸易公司心有余悸，在寻找新的供货商的时候非常谨慎。了解到这一点，甲公司负责人马上邀请对方到自己的公司实地参观，并邀请对方派人随时考察生产情况，还同意先提供一部分样品，然后再谈合作的问题。三天后，甲公司负责人与外贸公司成功签约。而这时，乙公司还在绞尽脑汁地制订攻坚方案，等它反应过来，甲公司已经拿到了定金。

在这个案例中，双方成败的关键只有两个字——信息。甲、乙两家公司一开始都掌握了相同的信息，在实力相当的情况下，没有谁有足够的优势可以胜出。后来，甲公司得到消息，了解了对方长时间不签约的原因，然后对症下药。而乙公司没有了解到这个信息，等想要行动的时候，甲公司已经捷足先登。在这场博弈中，甲公司胜在掌握了乙公司没有掌握的信息。如果乙公司能够多了解一些客户的信息，就不至于如此一败涂地。这个事例足以说明信息对于博弈的重要性。事实上，在大多数的策略互动中，如果比其他博弈者更先掌握信息、掌握更多信息，就会极大地改变所有博弈者的收益情况，也更能够掌握博弈的主动权。

这种现象在租房市场中也很常见。房东和租户都对对方缺少足够的了解，彼此之间缺乏信息交流渠道，以至于房东不知道到哪里去找租户，而租户也不知道哪里能租到房子，更不要提房东的意愿、喜好、租赁价格等这些更具体的信息。这样，中介公司就有了立足之地，其掌握着房东和租户双方的信息，使两者建立起有效的信息交流渠道，而中介公司也从中大大获利，甚至左右着房东和租户的决策过程。可以说，中介公司的生存和发展，靠的就是信息。如果中介公司不能掌握足够多的信息，就必将被市场淘汰。

同样的道理，租户想要摆脱中介公司的影响，最有效的方法无疑就是自己直接掌握房东的信息，其途径包括朋友介绍、在心仪的小区里走访住户等。

俗话说："知己知彼，百战不殆。"信息对博弈的重要性不言而喻，具体表现在以下几方面：

1. 利用信息不对称，可获得策略优势

博弈者在进行决策的时候往往需要根据对方的博弈策略和方案来做出判断，掌握的信息越多，也就越容易获得信息优势，进而得到策略优势；反之，掌握的信息越少就越容易陷入被动，甚至只能疲于应付。聪明的博弈者可以利用甚至制造某种信息不对称，来改变双方的力量对比。

2. 先掌握信息，可获得先动优势

除了掌握信息的多少，掌握信息的时机也会影响博弈者在博弈中的地位变化。有时候博弈双方都拥有某种信息，但最先获得信息并行动起来的一方往往可获得先动优势，晚一步得到信息的一方往往只能采取跟随策略。

3. 信息外泄可能遭受致命打击

信息很大程度地影响了博弈成败，更快拥有更多信息的一方更能够获得主动权，但这种优势的获得要建立在有效而安全的信息保护上。信息一旦泄露，很可能会使得博弈者遭受致命打击。所以，在信息博弈中，博弈者还要懂得保护重要信息，采取必要的安全措施，以免给对方留下突破口。

柠檬市场：劣币驱逐良币

在美国俚语中，柠檬代表着次品或者不中用的东西，故而，柠檬市场也就是次品市场。具体而言，柠檬市场是指在信息不对称的市场博弈中，卖方比买方拥有更多的信息，更了解产品的质量。而劣币驱逐良币定律又称为"格雷欣法则"，是柠檬市场理论的重要应用，反映了在市场调节机制失灵的情况下劣等产品占据市场，渐渐取代优质产品，以至于市场中充斥了劣等品的现象。在这种情况下，买方不知道产品的真正价值，只能通过平均价格来判断其平均质量，自然不愿意出高价。我们可以通过二手车市场中买主和卖主之间的博弈为例来探讨柠檬市场下的劣币驱逐良币现象。

美国经济学家阿克尔洛夫认为，在二手车市场上，买主和卖主之间对车质量信息的掌握是不对称的。卖主对自己的车的真实质量很清楚，但一般而言，潜在的买主往往很难确切地辨别二手车市场上车的质量，而只能通过车的外观、介绍及简单的现场试验来获取相关的信息。而这样得出的信息在一定程度上是不准确的，因此，很难为买主提供准确的参考价值。事实上，车的真实质量在长时间的使用过程中才能表现出来，但买主却没办法先把车开出去使用很长一段时间再决定买还是不买。

在这样的情况下，买主在购买二手车之前并不清楚具体某一辆车的真实情况，而只知道二手车市场上的车的平均质量，于是，买主的策略就是按照车的平均质量付钱。

为了赚更多的钱，卖主就会采取这样的策略：将质量较高的车撤出二手车市场，只留下那些质量较低的车。尤其是对中国这样发展时间短、交易机制不健全的二手车市场来说，就更容易出现这样的现象。

这样，双方博弈的结果就是：二手车市场上车的平均质量降低，买主也降低了自己的支付金额，于是有更多的较高质量的汽车退出了二手车市场。长此以往，二手车市场的市场秩序恶化，二手车市场存在的必要性就会受到质疑。在极端的情况下，二手车市场甚至没有交易。

在二手车市场上，高质量的车被低质量的车所替代，低质量的车独占了市场，两者之间的竞争完全不符合市场竞争中优胜劣汰的选择法则。这种劣币驱逐良币的现象不利于正常的经济秩序的建立：拥有高质量产品的卖主和需要高质量产品的买主无法正常交易，这两方的利益都受到了损害，而产品质量低的企业却生存下来，并获得迅速的发展，最后在产品质量低的企业威胁下，高质量的企业也只好降低质量。在这个过程中，买主开始面临购买的产品质量远远不值产品价格的困局。

要终结劣币驱逐良币的博弈局面，最好的方式就是加强参与者之间的信息分享，但事实上，这在很多情况下不过是一种理想的状态而已。因为，即使是面对面的交易，卖家也不太可能和盘托出商品的真实情况。那么，作为普通的博弈者，我们就只能在自己的能力范围内尽可能地降低柠檬市场的影响力。

1.强化维权意识

要对抗柠檬市场，从消费者的角度来说，在与商家的博弈中，消费者要有维权意识。一旦发现购买的商品存在质量问题，或者发现商家销售假冒伪劣的商品损害消费者利益时，就可以采取退货、退款、投诉等措施。必要的时候，消费者还可以拿起法律武器，起诉卖家，乃至销售平台，给制假售假的卖家以足够的震慑力。只有这样，柠檬市场才可能真正地转变为买方市场。

2.警惕低价策略

虽然物美价廉是人人都向往的，也是真实存在的，但如果你发现某种商品的价格低得超出想象，比市场上的平均价格都要低，就要警惕其品质的好坏了。毕竟，逐利是人之天性，而市场不是一个做慈善的地方。作为消费者，我们永远不要期望博弈对手——卖家，会发慈悲赔本赚吆喝。

3.强化监管

虽然是买卖双方的博弈，但柠檬市场的存在并不意味着政府的监管可以缺席。事实上，在柠檬市场上，政府监管就扮演了囚徒困境中警察的角色，可以通过有效的监管和大力度的处罚增加卖方选择性忽视商品质量的成本，对其起到应有的警示作用和规范作用，从而遏制次品、假货肆虐市场的现象，最终达到有效规范博弈双方交易行为的目的。

4.建立行业联盟

柠檬市场中，除了买家与买家之间，买家与卖家之间，就连卖家与卖家之间也存在着这样那样的博弈，如价格战、以次充好等。所以，卖家建立行业联盟也是消除柠檬市场劣币驱逐良币现象的一个有效手段。首先，联盟内部可以实现信息沟通，在一定程度上消除信息不对称的影响；其次，也可以避免一部分卖家受利益驱动生产、销售次品或假货。

占小便宜吃大亏，赢的永远是商家

前面说过，掌握信息量的多少可以影响博弈的结果。在博弈中，拥有更多信息或者可以制造出一些利己信息的一方，往往能够做出更有利的决策，从而使自己占据有利地位，而处于信息劣势的一方既不能掌握准确的信息，又想要获取最大的利益，就会做出不恰当的策略，影响利益的实现。简言之，因为信息不对称，表面上的占小便宜，往往会导致实际上的吃大亏，从而在博弈中失败。

2018年国庆节前夕，杨钦决定和几名朋友组团到国外去旅游，团长由杨钦担任。因为从未出过国，所以，他对这次旅行很谨慎：他拿着预定的行程表，跑了十几家旅行社，一一对比其报价和行程，最后圈定两家旅行社的同一条旅行线路——东欧五国19日游。这两家的旅行社名字只有一字之差，报价也差不多，只是甲公司的规模大一些，其报价为22000元，乙公司的规模小一些，其报价为20500元。

杨钦了解过，这条旅行线路的费用需要差不多20000元，出于安全的考虑，他想报甲公司的旅行社，但想到乙公司的报价，他又觉得甲公司的报价必然有水分，于是以乙公司的报价向甲公司压价。为了留住客户，甲公司只好重新核算了报价，最后给了杨钦20000元的价格。

这让杨钦尝到了甜头，他故技重演，拿着甲公司的新报价去找乙公司谈判，乙公司的人只是考虑了一下，就将价格降到了19000元。

随后，杨钦又返回来找甲公司。甲公司的人了解情况后，拿起电话给当地的地导打了电话，最后告诉杨钦，只能给他19500元的价格，不能再降了。为了表示自己的真诚，公司里可以给旅行团的人免费提供一日三餐，但价格不能再降了。杨钦大喜，马上填写资料，签订了合同，约定由公司提供餐饮、住宿、往返机票，安排地导，办理签证等事项。

然而，10月份的这次旅游经历却给杨钦上了一课，让他明白，有些便宜是占不得的。旅行团经过长时间的飞行后，终于在下午两点钟落地，见到了公司给安排的地导。按照预定的行程，他们会坐一个小时的大巴车到当地的一个著名博物馆去参观，不料，由于地导对地形不熟悉，一行人在机场转来转去，整整折腾了两个半小时才找到大巴车的位置。其结果是，他们赶到博物馆的时候，博物馆已经闭馆了。

晚间用餐的时候，一行人更是震惊地发现，所谓的免费餐饮就是在当地一家小餐馆里吃快餐，每人的餐费只需要十几欧元。当天晚上，旅行团里有三个人开始腹泻。杨钦愤怒地给公司打了电话，公司承诺一定会尽快解决问题。

第二天，一行人早早起床，准备由地导带着到当地的一个公园去游览。可是，等他们到了旅馆大厅，却发现地导还没来，只好耐心等待。一个小时后，地导姗姗来迟，大家这才出发。到了公园门口，地导去排队买票，杨钦等人在附近等候。排队的人很多，地导一直等了近一个小时才到窗口，结果被告知，不需要买票，但是需要提前预约，只有拿着预约单，才能进公园游览。旅行团的人得知这个消息后异常愤怒，这才意识到这个所谓的地导对当地根本就不熟悉，也没有带团的经验。大家纷纷责怪杨钦怎么选了这样一家旅行团。

接下来的旅行就这样在不断的磕磕绊绊中勉强结束，近一半预期的重要景点都没去，还跑了大量的冤枉路。大家核算过，倘若以目前的行程报团的话，正常情况只需要12000元就可以。一众人又累又沮丧又愤怒，还质问杨钦是不是拿了旅行社的回扣，说原本出去旅游是为了散心，却没想到是这样的结果。不仅如此，其他原本还打算找杨钦介绍去那家旅行社报团的人也选择了退缩。

俗话说："买的不如卖的精。"在杨钦和旅行社之间的博弈中，杨钦为了获得更低的价格，采取了两面压价的策略。而旅行社为了得到客户，宁可采取降低就餐规格、找没有经验的地导等策略。双方博弈的结果就是杨钦贪小便宜，明知道旅行成本的情况下，为了区区一两千元，拼命压价，让定制旅游团变成了受累受气低品质团，最终占到小便宜，却吃了大亏。

其实，在信息不对称的情况下，买卖双方的博弈中赢的永远都是商家，消费者若都想以小博大，最后可能被对手利用，以至于付出更多。所以，作为消费者，我们要睁大眼睛，货比三家，多了解、多观察，多掌握消息，变不确定为确定，认准方向，在诱惑面前保持头脑冷静，不冲动、不受诱惑，才能得到真正的实惠。

1. 准确判断自己的需求

原本是为了散心、长见识而去旅行，却斤斤计较于一点钱财，结果浪费了更多的时间、金钱、精力；原本是为了贪便宜而凑单，结果却买了更多不需要的东西；原本是因为店里的饮料不要钱而想多喝点，结果却因为大吃大喝弄坏肠胃进了医院；原本只是厚着脸皮托朋友从国外带回来一些物品，最后却要请吃饭，又花费时间四处比价格，而钱也没有省下……这样的事情在现实生活中比比皆是。人们因为贪图一点点小便宜，就忘了自己的真实需求和原则，以至于被人诱导，吃了大亏。所以，作为消费者，当我们进行决策的时候，要准确判断自己的需求，坚持原则，摒弃可有可无的东西，不为商家的诱导所影响，才能够真正地做出符合自身利益的选择。

2. 从价值的角度，而不是从钱的角度考虑问题

在博弈中，很多时候，得与失是不能仅仅以钱作为判断依据的。事实上，价值与钱是两个不同的概念，比如，空气不值钱，但价值无法估

量——没有空气，生物就无法生存。同样的道理，只是多付出一点点钱，杨钦的旅行团就可以有一场愉快、放心、省心、受益良多的旅行，所以，看似昂贵的价格实则物有所值，甚至物超所值。虽然花钱购买了一个很贵的课程，而不是从网上五花八门的视频中找资料自学，结果却省心省力地学到了很多东西，那么，这些付出就是划算的。事实上，很多时候，做一件事情是不是值得，不仅要从付出了多少金钱来衡量，更要结合时间投入、精力投入、感情投入、人脉投入、沉没成本等多个方面综合考量博弈双方的得失，计算某项策略是否能够从整体上优化自己的资源，最大限度地保证自身的利益。总之，我们要学会从价值的角度，而不是仅仅从金钱的角度去考虑问题。

看穿"酒吧博弈"，经验不一定有效

信息不充足的博弈，在博弈论中也称为不完全信息博弈。在这样的博弈里，参与者并不完全清楚有关博弈的信息，很多时候都需要根据以往的经验来判断对方要采取什么策略及其可能的结果。但酒吧博弈告诉我们，经验不一定有效。

假设有个酒吧的生意非常好，每天都顾客盈门，但酒吧的容量不是无限大的，所以很多时候顾客都要排队。于是，顾客们免不了要决定是去酒吧活动，还是待在家里。如果他们根据经验觉得今天酒吧的人一定很多，那么他们就会留在家里，反之，他们就会去酒吧。

假设顾客有 100 人，酒吧的座位有 60 个。按照正常的情况，去酒吧的人要么会少于 60 人，要么会多于 60 人。但阿瑟研究的结果却发现，虽然去酒吧的人数会暂时变多或变少，但一段时间之后，平均人数很快就会达到 60。

为什么会这样呢？原来，这些顾客之间并无更多的信息，他们不知道别人会怎样判断，在到达酒吧之前，也没有办法判断自己的判断是否正确，而只能根据对之前经验的归纳来采取行动。于是，顾客与顾客之间不断博弈的结果就是，根据经验，人们不应该去酒吧，于是有人选择不去酒吧，酒吧的人减少；之后，人们根据新的经验，认为可以去酒吧，于是，酒吧渐渐变得拥挤。博弈的结果似乎与人们的经验不符。

看穿酒吧博弈，我们就会意识到，经验有时候并不可靠。尤其是在群体博弈中，人人都依赖自己和他人的经验进行决策，就会使整个博弈过程产生更多的变数，从而影响到最后的结果。生活中的酒吧博弈实例并不少见。

高考结束以后，小雨谨慎地评估了自己的高考成绩，然后根据结果，选择去哪个学校读哪个专业。小雨的父母都是很普通的上班族，亲戚朋友中也没有人能够给他准确的指导。无奈之下，小雨只好根据以往专业的报名情况做出选择。他想，自己的成绩并非多么优秀，如果选择报名人数很多的学校，自己很可能在激烈的竞争中被淘汰掉。于是，经过反复权衡，小雨最后选择了一个往年报考人数很少、就业前景也还算不错的学校的某个专业。随后，他便安心地等待最后的结果了。

没想到的是，往年报考人数很少的学校今年却异常火爆起来，而小雨的成绩刚刚达到分数线，由于招生人数有限，小雨就被刷了下来。

在这个过程中，小雨根据经验，不敢选择以往报名人数多的学校和专业，而是选择了以往报名人数少的。但问题是，当很多考生都像酒吧博弈中的顾客那样考虑问题，那么，其结果就有可能是自己离自己预期的目标越来越远，以往的冷门反倒成了热门。

那么，既然经验不一定有效，身在博弈中的我们就要正确对待经验，吸取有用的部分，学习新的知识以充实自我，坚定自身的理性判断，在概率和自身的实力中找到一个平衡点。

1. 自我反省，保持思维的开放性

很多经验都是无效的，总结无效的经验，自然无法得到有效的策略。在博弈中，博弈者要做到自我反省，直面自己的问题。而大量的研究表明，每一次博弈中，每一次竞争中，多思考，多问自己几个为什么，通常能够找到更有利于解决问题的方法。在这个过程中，博弈者不仅仅要利用一些规定动作或方法将好的经验固化下来，激励自己，更要深刻剖析已经遇到的问题及其原因、具体解决的措施，采取策略前多问问自己是否仅仅依据有限的信息做出判断、是否为可能性留出了伸缩空间、是

否从多种角度用多种方式去思考问题。这样，最终才能够尽量避免被错误经验所误导。

2. 要经验，也要学习，更要模拟实践

直接的经验是一种宝贵的财富，能够帮助博弈者在博弈中获得最直观、成本最小的体验和收获，从而以最小的代价找到最安全的策略。但它也意味着风险，所以，在博弈中，博弈者应该处理好经验、学习、实践之间的关系，既要借鉴经验，也要善于向其他博弈者学习和接受反馈，更要多次、从各个不同的方面模拟实践各种策略，提出不同的假设情况，反复审视相应策略的优劣。做到这一点，成功的概率就会提升很多。

3. 做少数派

在酒吧博弈思维的引导下，人们需要依据他人的策略和经验做出判断，自然就很可能会出现从众效应，不过，这对博弈者来说有利，却也有弊。有人说过："假如所有的人都向同一个方向行走，这个世界必将覆灭。"同样的道理，如果在博弈中按照大多数人的策略选择进行决策，其结果很可能被人裹挟。反之，当多数人都往一个方向走，采取同一种策略时，若能够独辟蹊径，发现、利用、拓展别人忽略或是根本不知道的机会空间，由于没有竞争，反倒更有可能取得竞争优势，在博弈中脱颖而出。

因此，身处不完全信息博弈中，在无法准确预测对手的策略及博弈发展走向的情况下，为了避免陷入利益的误区，我们不妨做一个清醒的少数派，抛弃随大流的举动，剑走偏锋，在他人不经意的地方开拓出一片新的天地。

第四章

概率博弈：不赌为赢，博弈的最高境界

"石头、剪刀、布"的混合策略性游戏

"石头、剪刀、布"是一种很普通的游戏，但这种游戏本质上就是一种概率博弈，也是一种混合策略性游戏。我们可以通过对它的详细分析，深入了解何为混合策略性游戏。

众所周知，在"石头、剪刀、布"的游戏中，玩家基本上不会连续三次以上出同一种拳，这一次出石头，下一次可能出剪刀或者布，但也可能是石头。也就是说，玩家出任何一种拳都有一定的概率。

与此同时，玩家出什么，取决于对方选择什么。如果对方上一次出石头，那么，这次出布或者剪刀的概率就更大。换言之，整个过程中，玩家没有办法明确地知道对方到底会出什么拳，自然也就没有办法有目的地选择策略以求得平衡，只能随机地在某个给定信息的情况下以某种概率分布选择不同的行动，而博弈者选择哪种策略的概率大小并不是取决于他自己的策略，而是取决于对手的策略选择，这就是所谓的概率游戏，也即混合策略性游戏。石头、剪刀、布的混合策略性游戏具有以下一些特征：

1. 不存在纳什均衡

在石头、剪刀、布的混合策略性游戏中，并不存在纳什均衡。

所谓纳什均衡，即非合作博弈，是一种每个博弈者所采取的策略都是对于其他博弈者策略的最优反应。而在石头、剪刀、布游戏中，玩家双方出任何一种拳——选择任何一种策略的概率都是1/3，并不存在相对于对手选定的策略，自己的策略比选择其他策略更好的最优反应，因此，该游戏没有纳什均衡。

2. 预判仍然有助于策略选择

没有纳什均衡，并不意味着我们对此束手无策，事实上，在石头、剪刀、布之类的混合策略性游戏中，合理的预判仍然可以帮助我们进行策略选择。

浙江大学曾经进行过一项研究，他们招募了 360 名志愿者，然后将志愿者分为 60 组，不规定出拳顺序、不限定初始出拳，游戏进行 300 次，最后战胜对手最多的志愿者可以获得奖金。在每一轮游戏中，平局可得 1 分，获胜可得 2 分，输者得 1 分。研究员们会在此期间仔细观察并记录志愿者的策略选择、决策方案等。

结果毫无悬念地显示，志愿者们出每种拳的概率是一样的。但他们同时发现，玩家们会对自己和对手的每次出拳情况进行预判，比如，在上一轮游戏中，玩家出石头获胜，而对方出剪刀，那么，在下一轮中，玩家就有更大的概率继续出石头。当然，如果在上一轮输了，他就有更大的概率出剪刀或布。

不仅如此，聪明的志愿者们还从生理上分析自己的对手。有人发现，人在第一次出拳的时候，出拳头或者布的可能性更大，因为人的生理决定了出剪刀时手部神经的反应速度更慢。这样，他们就会对自己的出拳情况进行一定的调整。

最后，研究员们得出结论，那些在游戏中胜出的人往往是那些更善于取舍、能够更准确预判对手策略的人。

从中，我们可以看出，玩家的策略选择仍然是建立在对对手策略选择的预判基础上的，而对策略选择的概率研究就可以帮助我们在博弈中占据优势，相对地掌握博弈的主动权。

3. 随机性

随机性是混合策略性游戏的一个重要特征。从石头、剪刀、布的游戏中可以看出，因多种可能性的存在，混合策略能够给其他参与人造成不确定性，每一个博弈者都无从准确地预测其他人的策略，而只能在某个范围内去进行一定概率上的预判，也正因此，其博弈的结果通常会有意外之喜。

面对"警匪博弈",随机策略是最好的选择

随机策略就是混合策略,即博弈者只能按照某种概率,随机选择的不同策略,与它相对的是纯策略。前者是指博弈者可以对每个策略都制定一个概率,然后在各种备选策略中随机选取合适的策略;而后者则是博弈者仅能选择的特定策略,是博弈者一次性选取并且坚持的策略。当博弈是博弈双方收益之和为零的零和博弈时,一方所得,必定是另一方所失。随机策略就是博弈者最好的选择。我们可以以警匪博弈为例来分析这个问题。

一名小偷准备在一个小镇上偷窃,他有两个目标:一家酒馆和一家银行。据知,酒馆有1万元,银行有2万元。这两个目标分别位于小镇的两头,小偷去了其中一个就要放弃另一个。

警方得知该消息,准备抓捕小偷,保护财产不被盗。但当地警察局只有一个警察,所以只能顾全一个地方。那么警察要选择什么策略才能够最大限度地保证人民财产的安全呢?

很明显,如果小偷在警察巡逻地偷盗一定会被警察抓住;反之,则小偷偷盗成功。那么警察要选择什么策略效果最好?

从整体利益来说,警察的优势策略是保护好银行。可这样的话,万一小偷去了酒馆,则一定偷窃成功。很明显,这种策略并不是最好的。也就是说,在这个博弈模型下,警察没有办法一次性选择一个策略并坚持下去,他选择哪种策略取决于小偷光顾哪里的可能性更大。

从理性的角度来说,每个人都会追求利益最大化。银行里的资金更

多，所以，警方选择保护银行的可能性更大，而保护酒馆的可能性则较小。假如警方选择保护银行的可能性为2，那么保护酒馆的可能性就是1。这样，对于小偷来说，去偷酒馆的概率就可能是2，而偷银行的可能性就是1，因为偷酒馆的安全性更高，而偷银行的安全性则较低。

在这场博弈中，随机策略帮助每个人都找到了最优（混合）策略选择。对于警察来说，他的策略提高了财产的安全性，使得财产更不容易被盗。对于小偷来说，随机策略提高了他的安全性，使其更不容易被抓到。

显而易见的是，在某种情况下，混合策略可以比纯策略更符合双方的利益。概率关注的是哪种情况发生的可能性更大一点，博弈论则关注在这种情况下是否要继续坚持。当一件事情去做了之后失败的概率更大一些，那么，作为理性的个体，最佳选择就是尽可能地避免并且远离这件事。很显然，警察去银行的概率更大，那么，小偷不去银行就相对更安全，反过来，因为小偷去酒馆的概率更大，那么，警察去酒馆就更有可能抓到盗贼。

当然，现实可能没有这么简单。小偷可以事先摸清楚警察的巡逻习惯，然后见缝插针进行盗窃；警察也可以通过调查，弄清楚小偷的性格、行事方式、偷盗目的、有没有同伙等，从而弄清楚小偷最有可能出现的地方，予以抓捕。但毫无疑问的是，在随机策略下，通过一步步分析，我们更容易找到真正的问题，然后采取行动，以增大成功的机会。不过，在真正实施的时候，我们也需要注意以下几个问题：

1. 概率大不等于必然

在随机策略下，某件事情发生的概率大，并不意味着这件事情就一定会发生。比如，上面警察和小偷的博弈，倘若认为小偷知道自己根据价值最大原则会选择去银行，于是转而去酒馆，警察就改变策略去酒馆抓小偷，那么，小偷就一定会被抓到。但是，如果小偷进一步博弈就会发现去银行更安全。所以，随机博弈中，博弈者想取得成功，一定要能够分辨情报的价值，在众多的消息中一一分析排除，找到最有价值的消息，然后及时调整自己的策略，否则，再好的策略都无法收到良好的效果。

2. 两手都要准备，两手都要硬

警匪博弈中，警察有两种选择，小偷同样有两种选择。无论其中一方选择何种策略，另一方都可以选择对应的策略，牢牢地抓住其命脉，改变博弈的走向。要想在博弈中占据优势地位，最简单的做法是两手都要准备，两手都要硬，列出最好的可能和最坏的打算。比如，在市场竞争中，对手有多种策略可供选择，而每种策略对你的影响都不同，那么，为了保险起见，你完全可以多设计几种应对方案，这样，无论对方选择何种策略，你都能够从容应对，在博弈中获得优势地位。

概率博弈，并不等同于赌博

概率博弈中，博弈者无法准确估计对手的策略选择，只能以概率的大小去做出判断。也正因此，有人说，概率博弈就是"赌"的博弈，就是赌博。然而，事实上，随机中也蕴藏着可控的因素，概率博弈不等同于全凭运气的赌博。

要知道，所有的博弈都是由人来进行的，博弈本身就是很主观的一件事，人的爱好、习惯、心态、情感、分析、判断等不同程度地影响着人们的策略选择。所以，博弈者仍然可以分析、判断对方的选择意向，根据对方选择某种策略概率的大小，采取诱导、欺骗等方式影响对方的决策过程，使博弈向着有利于己方的方向发展。

BBC曾经多次直播过一个叫作"金球"的游戏，游戏的奖励是胜出者可以得到一大笔奖金。直播开始前，所有选手都没有特意进行过彩排，没有既定的剧本，也未对选手的行为进行过任何规范和限制，选手之间可以商量。游戏开始后，一共有四名选手参与了游戏，经过一番角逐之后，场上只剩下两名选手，两人都很想得到奖金。这时，节目主持人分别递给两名选手两个球，其中一个球上写着Split（平分），另一个球上写着Steal（偷走），要求两名选手分别从中选择一个球。如果两名选手都选择了Split，那么便可以平分一大笔奖金；如果一人选择Split，另一个人选择Steal，那么前者将一分钱也拿不到，而后者可以拿走全部的奖金；如果两人都选择了Steal，就两人都一分钱拿不到。

从利益最大化的角度来说，他人选择Split，而自己选择Steal是最佳策略，这种结果出现的概率是 1/4；两人都选择 Split 次之，可以平分奖金，其概率也是 1/4。但在博弈者都是理性人的情况下，没有谁可以保证对方一定会选择 Split。事实上，在之前的直播中，经常有选手本来已经约好选 Split，结果两人都背叛，谁都没拿到钱，或者其中一人背叛，拿走了全部的钱。而这一次，两名选手做出了出人意料的选择。

最开始，甲选手提出，为了平分奖金，自己会选 Split，让乙选手也选 Split。为了取信于乙，甲还信誓旦旦，表明自己一向都坚持诚实守信的原则，这也是自己的父亲教导自己的为人准则。

没想到乙选手却斩钉截铁地宣称，不管甲怎样选，自己都要选 Steal，当然，如果甲选 Split，自己愿意分给甲一半的奖金。

甲一听气得跳脚，现场的人也对乙的做法感到愤怒。但是，毫无办法，甲要想拿到钱，他只有一种选择：Split。

最后，甲选了 Split，不过，乙并未如他所说选择 Steal，而是做出了和甲一样的选择。节目结束后，两人平分奖金。

最让人意外的是，人们事后得知，甲根本就没有见过自己的父亲，他骗了大家，事实上，他一早就在心里打定了主意，一定要选择 Steal，拿走所有的钱。

而乙也告诉人们，他当时详细地分析过自己的处境。他明白，自己只有一半的可能得到钱，除非他有办法让对方只能选择对他有利的策略——选 Split。

在这个案例里，甲乙两人拿到钱的概率都是一样的，即 1/4+1/4=1/2，拿不到钱的概率也是一样的。在没有约束措施的前提下，每个人的策略选择都依赖于他人的策略选择，换言之，这其实就是个概率博弈。那么，在不能确保甲一定会选择 Split 的情况下，怎样才能扭转博弈的局面，使自己从被动转为主动，占据博弈的主导权呢？

乙的做法是：表明自己一定会选择背叛，同时承诺分对方一半。甲的选择余地就被限制了，只要他还想得到奖金，而不是决意两败俱伤，就必然会选择 Split。这样，两人分奖金的概率就变成了 100%。毫无疑问，乙顺利地达到了目的。

显而易见，通过对概率的计算与研究，我们将不再仅仅依靠直觉去做出判断，而是根据实实在在的数据去判断策略的优劣。我们能够在原本复杂的局面中更加清晰地看待事件，从而做出更好的选择，想方设法地抢占主动权，扭转博弈局面，改变博弈的利益分配方案，其过程和方法可控、可预期，只要运用得当，自然能够心想事成。具体方法如下：

1. 让别人决定，不如自己制定规则

甲告诉对方自己会选择 Split，请对方也选择 Split，两人平分钱，但对方利益最大化的真正策略是 Steal，而不是 Split。也就是说，乙的选择有两个，其主动权在乙手中，而不是在甲手中；只要乙有理性，就注定选择背叛，而不会让甲也分钱。事实上，这样博弈的结果是，甲有可能拿不到钱，也有可能拿得到钱。在这个过程中，甲将自己置于了被动的局面。

相反，乙告诉对方自己会背叛，但也传达了自己的规则——如果甲选择合作，自己愿意平分奖金。这样，甲若想拿到钱，就只有一个选择——Split。在新的规则下，乙的结果只有一个——得到钱，区别只是是否与甲平分，而游戏的主动权则掌握在乙的手中。

甲乙两人很明显都理解规则，其区别在于，前者在原有规则里打转，而后者创造新的规则。这也告诉我们，理解规则固然重要，创造规则更重要。与其被动博弈，让别人做决定，不如开动脑筋，自己制定规则，自己做博弈的主人。

2. 慎重选择，大胆而为

概率博弈的复杂之处在于，大概率发生的事情未必会发生，如天气预报说第二天会下雨，但也可能气流转向，不会下雨；小概率的事情不一定不会发生，如找到和自己同年同月同日同时生的人很难，但照样有很多人找到了。大概率的事情未必有利，如大家预测股市会继续上涨，结果股市果然大涨，乃至涨停，以至于大家的钱财被套在股市无法变现；而小概率的事情不一定不利，当所有人疯狂地逃离股市，有眼光的人反而逆流而上，低价买入潜力股大赚一笔。所以，在面临概率博弈的时候，我们要仔细权衡各种策略的优劣以及各方的得失，慎重选择，规避风险，但一旦看准方向，就要大胆而为，立刻付诸行动。

3. 看重眼前的利益，更要长远考虑

塞翁失马，焉知非福；福兮祸所伏，祸兮福所倚。事情都是不断变化发展的，此时有利的事情，彼时未必有利，反之亦然。

2006—2010年，中国计算机行业低迷，PC端基本饱和，盗版横行，人们大多悲观地认为中国根本不会有伟大的软件公司。然而，出人意料的是，不久后，中国计算机行业迅猛发展，当初那批坚定地选择了计算机专业的学子抓住了机遇，并走向巅峰。

因此，身处局中的我们，做出选择时，除了看重眼前的利益，更要独立思考，审时度势，立足长远，在别人还看不清形势时入场，主动把握自己的命运，成为概率博弈中的最终受益者。

血本无归是赌客的唯一下场

赌，是一件让很多人欲罢不能，时而热血沸腾，时而绝望悲观的事情。时常有人因此挥金如土、日益沉沦。不过，从博弈论的角度来说，赌其实是一种非理性的行为，而赌客自然就是非理性的人，沉迷于其中的下场，只能是血本无归。我们可以从概率博弈的角度来探讨这个问题。

毫无疑问的是，赌博，本质上就是一种零和博弈。博弈中，参与者只能以某种概率去猜测对手的策略，然后依此决定自己的策略。无论赌博持续多久，以何种方式进行，钱都只是在赌客之间或者赌客与庄家之间流动，其总量不会增加，换句话说，参与者并没有创造新的价值。这样就意味着，有人赢，就必然有人输。那么，谁输？谁赢？

克莱克在赌场中选择了最简单的一种赌法——掷骰子比大小。他和庄家分别下注，然后他选择赌大还是赌小，随后庄家开盅。如果他赌的和庄家开出来的点数大小一致就获胜，可以得到庄家下的注，反之则输，会失去自己下的注。一开始，他赌得较小，也赢了一点小钱。玩过几次后，他分析了一下，基本上每玩 6 局，他就必然会赢几局。摸清这个规律后，他就开始放心大胆地在合适的时候下注。事实上，在赌博中，他经常会赢点钱，这让他觉得自己的判断是正确的，并一直遵照这个概率赌博。

克莱克赌得越来越大，当他狠下心将所有的钱财都押上，并赌开大的时候，庄家打开了赌盅，是小。结果，他输掉了身上所有的钱，还欠了赌场一大笔钱。

这样的案例并非个例，事实上，可以说，所有的赌客都不可能在赌场上占到庄家的便宜。

首先，双方的技术水平不一样。庄家了解规则，熟悉赌具的特点，有足够的条件去控制赌具，集中了概率、级数、博弈各方面的数学经验，能够从技术上随时选择对庄家有利的策略，而赌客只能凭借有限的听觉、视觉、以前的经验、运气去选择策略。

其次，双方信息不对称。一般而言，赌博时，庄家可以知道赌客的策略，而赌客却不知道庄家的策略。庄家可以通过对赌客策略的了解制定策略。比如上例中，克莱克赌大，庄家就控制赌具故意开小，克莱克赌小，庄家就故意开大，这对庄家而言易如反掌，克莱克却只能被动地应对，而无法改变规则。

再次，双方的实力不同。庄家毫无疑问拥有庞大的财富作为支撑，而赌客一般只有非常有限的钱财作为赌资，赌资没了，就只有离场。

最后，庄家拥有规则的制定权，而赌客没有。上例中，庄家可以要求克莱克先选择策略，然后庄家再选择相应的策略，这样，庄家就占有了先机，而克莱克失去了先机，又无法改变规则，自然落了下风。

正因为这些不公平，双方对赌的结果是，庄家赢的概率远远大于赌客赢的概率。不仅如此，赌客越多，庄家就越赚钱。即使赌客暂时赢了钱，但最终赚钱的仍然是庄家自己。

因此，作为理性的人，应该远离赌场，坚决不赌，而这也是博弈的最高境界。

1. 莫心存侥幸

大凡赌客，赢了自然欢天喜地，输了则心有不甘，继续下注，期望在下一轮中能够翻盘，捞回本钱。然而，在庄家拥有操控权、有非常大的赢的概率的情况下，一次幸运必将伴随更为强烈的反噬，赌客最终不过是徒劳挣扎，赔进去更多的钱而已。所以，莫心存侥幸，不要以为自己会是那个幸运儿。你要知道，选择大概率的风险策略，本身就是对自己的不负责任。

2. 坚守底线

放松性、竞技性的博弈游戏可以怡情，如下象棋、玩扑克等，也可以益智，还可以增加交际，但如果将之当作获取金钱的捷径，只能害人害己。作为聪明的理性人，我们要坚守底线，远离赌博。

没有优势策略时，要学会随机应变

正如约翰·麦克唐纳所说的那样："扑克玩家应该隐蔽在自相矛盾的面具后面。好的扑克玩家必须避免一成不变的策略，随机行动，偶尔还要走过头，违反正确的基本原则。"同样，倘若你有一个优势策略，那么请跟从；倘若没有优势策略，就要学会随机应变。

要知道，在这个世界上，没有什么是一成不变的，无论是追求财富，还是人际交往，无论是工作还是家庭经营，随时都充满变化。但与此同时，隐藏的风险和闪光的机遇也随处可见。我们只有具备随机应变的能力，才能够在每一个转角和每一个岔路口找到转机。

甲公司是一家十几年的大公司，一次，在调查市场的时候，甲公司发现国内的"解酒产品"市场有较大的潜力，但受种种原因所限，还没有领导品牌，而自己有成熟的产品和团队，有充足的生产、营销经验，公司的资金流充足，恰当运作后必定大有所获。因此，甲公司马上行动起来，以优质为口号开始大规模宣传，走高端、高价、大市场路线，花重金在央视等强势媒体上进行大面积的宣传，并在全国范围内不遗余力地进行招商，建设终端。

与此同时，一家小公司乙公司也发现了这个商机，但等它开始调查后，才发现甲公司已经采取了行动，并占据了一部分市场。这让乙公司沮丧不已。不过，冷静下来仔细研究了甲公司的策略后，乙公司迅速调整了状态，并制定出一套方案：甲公司专做大市场，对象是全国消费者，自己就做小市场，专门以地区、市为单位，一个区域一个区域地搞宣传，占据市场；甲公司优质高价，自己就做优质低价……

结果，一系列措施实行下来，乙公司竟然也占据了一部分市场。而甲公司对于乙公司的小范围的发展鞭长莫及，只好听之任之。

做事不一定都要按照一定的模式和程序走。在甲公司的强势发展面前，乙公司其实没有优势策略，因为无论是迎难而上，还是放弃这块蛋糕转攻他处，都是一件吃力不讨好的事情。对此，乙公司随机应变，独辟蹊径，既不激怒对方，也不屈从，而是生生地在激烈的竞争中走出了一条可行、有利可图的道路，做得干净利落。

在博弈中，每个博弈者都是理性的，都会从自身利益最大化的角度出发采取策略，同时对对方的策略进行预测，然后在此基础上对自己的策略进行相应的调整。你能想到的，对方通常也能够想到，这样，便会抵消一方策略上的优势。就像打扑克牌，你能想到对方觉得你会出炸弹，于是，你偏不出炸弹，对方也可以更进一步预测到你不会出炸弹，拿出较小的牌就轻易压制你。所以，你的策略要想很好地发挥作用，就要具有不可预测性，让对方摸不着头脑，不知道你下一步将会怎样行动，对方自然也就无机可乘。

1. 从容不迫，处变不惊

如果乙公司面对甲公司的强势惊慌失措，以至于完全放弃探索，就不可能会有后来的成功。采取随机策略，随机应变，其前提是无论面临什么情况都要泰然自若、镇定从容地分析当前的形势，才能够准确而清晰地判断自己和博弈对手的优势、劣势，然后利用自己的长处攻击对方的短处。

2. 有自己的处事风格和原则

在处理问题时，作为博弈者，我们要有主见，有自己的处事风格和原则，敢于相信自己的决断。这样，无论面对什么情况，都能够在关键时刻果断定夺，而不至于因为犹豫不决、拿不定主意而错过了原本可以抓住的机会。

3. 洞悉对手的策略

随机策略是对对手策略的即时对症反应，采取这种策略之前必须推测并洞悉对手会采取的策略，分析每种策略的收益、成本、作用范围、缺漏，同时预测对方是否推测出了你的意图，并将这个过程反复地进行下去，直到找到博弈的突破口为止。

4. 做出正确的选择

在博弈中，选择决定了博弈结果，明智的选择应该是正确地计算成本和收益，准确地评估风险，从而在乱局中找到那个能够实现利益最大化的决策。要达到这个目的，我们就要弄清楚自己能够做什么，列出所有可能的选择，并列出每个选择发生的概率、获得的收益、可以预见的后果与风险，最终做出正确的选择。

少数派策略就是逆向思维

在概率博弈中，人们选择策略的依据便是概率的大小。从风险角度考虑，选择大概率事件是更能够保证自身利益的策略。但当所有人都朝着一个方向前进，那么，身处其中的人必定无法获得益处。就像酒吧博弈中的顾客那样，当大多数人都去酒吧时，这些人将无法享受到好的服务；当大多数人都不去酒吧时，这些人又将错失享受优质服务的机会。因此，要想在概率博弈中取胜，就得采取"少数派策略"。

所谓少数派，是小概率群体，是小众群体。在社会的各个领域，都可以见到少数派的身影。在生活中，诸如"股票买卖""交通拥挤""足球博彩"等问题都是少数派策略博弈，其精髓就是在竞争激烈的局面中，如果你有多条路可以走，要选择能够让自己最快脱身、获得最大利益、竞争者最少的路，而这就决定了你的博弈结果。

就像巴菲特所秉持的那样："在众人贪婪时恐惧，在众人恐惧时贪婪。"从根本上说，这种策略选择的过程就是一种逆向思维，是求异思维，是反其道而行之，对司空见惯的、似乎已成定论的事物或观点从其对立面的方向思考，从问题的反面深入探索，找出新的思维方式。"少数派博弈"式的逆向思维可以使我们不必太关注市场，减少交易次数，降低交易费用，提高策略的作用效率；可以有效地帮助我们在群情激昂或者局面极端不利的情况下，懂得分析、判断局势，做出更为理性的判断。

2000年的时候，陈元还是一名普普通通的农民，和乡亲们一样，他也以种植蔬菜为生，不过，因为大家都种植蔬菜，种类、品相也都差不多，所以收入有限。有一天，他去外地探亲的时候，吃到了当地的一种水果，那浓香馥郁的味道一下子打动了他。回到家乡后，他在市场上走访了一遍，发现很少有人卖那种水果，只有一个大超市有售，而且售价很高。他观察了一段时间，发现即便如此，也经常有人因为买不到失望而归。事实上，这两个城市离得并不远，他家乡的水土也很适合种植这种水果。

当年冬天，他不顾家人的反对，拿出家里一大半的积蓄，又借了一笔钱，将自家的十几亩地全部栽种了这种果树。三年后，果树结果，他将水果全部供给当地的各大超市、水果店。因为质优价廉，水果的销售情况很好。水果全部售出后，经核算，发现回报基本上是当初投资的7倍。随后，他承包土地，培育树苗，将种植面积扩大到了上百亩，而销售范围也扩展到了周边的城市。

几年后，周围的人看到他种果树赚钱，也纷纷开始种植。而这时，陈元不仅砍掉了一部分果树，还花了几十万元在市区购买了一套三室两厅的房子，同时盘下了一个店面。周围的人笑他疯了，放着好好的水果不卖，买什么房。

如今，因为当地种植果树的人多了起来，水果的价格也不断下滑，果农的收入也不断减少，而陈元房子的价值已经是当初的好几倍。

如果陈元仍然安安分分，跟随大众走寻常路，像周围的人那样忙忙碌碌、没有差异化优势地种植蔬菜，那么，也就不会有现在的回报。可见，倘若能够出人意料、别出心裁，在竞争中寻找空隙，哪怕是冷门行业，哪怕是没有人注意的市场，你也能找到机会。

1. 把握大众的认知偏差，向冷门处找出路

博弈是动态的过程，此时的冷门，明天很可能就成为热门，今天的热门，明天也很可能成为冷门。在这个过程中，很多时候，真正的受益者往往只是少数，所以，随大流很可能会成为潮流的牺牲品。但大多数

人并不会注意到小众、小概率的机会，即使注意到了，也可能因为担心风险而放弃。我们可以做个冷静的旁观者，把握大众的这种认知偏差，向冷门处找出路，打破思维定式，走一条不同于常人的路，做到人无我有、人弃我取。

2. 大胆走反向路

在博弈中，博弈者均为理性人的前提决定了其都想尽可能多地得到利益，同时最大限度地避免风险。但是，每个博弈者的策略都取决于多种因素的影响，任何一个条件发生变化都会导致最终的策略发生翻天覆地的变化，按照常规的方法、常规的思路可能会面临无数的变数，竞争激烈，也费心费神。但是，如果博弈者能够换个思路，在保证自己的利益最大化的前提下，逆流而上，反倒可能找到最佳策略，把复杂的问题简单化，并顺利解决。就像一位毕业生在与众多竞争者的竞争中换一种方式去编写自己的简历，一反人们常用的"基本信息—受教育情况—联系方式—实习经历"的套路，将实习经历放在最前面，然后是受教育情况、联系方式、基本信息。这样，用人单位一眼就看到了他的特点和优势，这种方法帮助他最终脱颖而出。事实证明，这种方式只要运用得当，就可以获得出人意料的效果。

3. 做一个有信仰的、坚定的少数派

在概率博弈中，没有人走的路可能是一条出路，当下的冷门也可能是未来的热门。但做少数派是一件非常需要勇气的事情。太多的人在发现自己和别人意见不一致时选择妥协，太多的人明明发现了机会，却因为走此路的人太少，害怕特立独行而选择放弃。而那些成功的少数派，无一不是在重重质疑、风险、困难中突围而出的。所以，在竞争中，博弈者要敢于做少数派，有信仰、坚定地相信自己，相信自己的选择，认定做下去就一定会有回报，即使失败了也可以从头再来，最终才能将逆向思维真正转变为行动力。

第五章

成败博弈：胜与负，只在一念之间

认清"协和谬误"，不要让自己一错再错

在成败博弈中，为了追求最终的胜利和利益最大化，博弈者必然会全力以赴，投入大量的成本。但有时候，这些已经投入的成本反而可能让博弈者陷入协和谬误。

所谓协和谬误，即在某件事情上已经投入了成本（包括时间、精力、金钱），而且已经进行了一个阶段，却发现事情不应该再继续下去，却已经欲罢不能，只能将错就错。而之前投入的成本无法收回，只能放弃，便是沉没成本。协和谬误概念来自协和飞机的研制事件。

20 世纪 60 年代，英法两国政府联合投资研发了协和飞机。这种飞机是一种大型超音速客机，机身大、装饰豪华、速度快，一旦研制成功将会有巨大的市场前景，为开发者带来巨大的收益，使其打败市场上的其他竞争者。不过，它的成本也很高，单是开发一个新引擎就需要投入数亿元。

开发工作展开不久，两国政府就发现了严重的问题：需要的资金投入实在是太大，且市场前景不明确，没有人可以保证该型飞机能迅速被用户接纳，如果继续研发，将需要继续投入一笔数额大得惊人的资金；但是，一旦停止研发，以前的巨额投资将付诸东流，其损失也很惊人。无奈之下，两国政府只好硬着头皮将研发工作继续下去，最终，协和飞机研制成功，但飞机的缺陷也很严重，耗油大、噪声大、污染严重，运营成本及维护成本实在太高，很快就在市场竞争中败下阵来，终被淘汰，英法两国政府为此蒙受巨大的损失。

在两国政府的博弈中，不管是从收益的角度来说，还是从成本的角度来说，及时止损、放弃飞机的研发都是最佳策略，否则，双方将投入更多，面临更大的风险，遭受更大的损失。但是，很显然，英法两国政府已经被沉没成本绑架，需要不断地追加投资，但由于预定目标的不现实，投入得越多，损失也就越大，陷入了非常大的困境中。事实上，不仅仅是飞机研发这样的重大项目，就连日常生活中，类似这样陷入两难、骑虎难下的例子也不少见。

莫伊逛市场的时候，走到一家美容店前，禁不住店员的吹捧进店做了美容。店员的手法娴熟，态度亲切。看着镜子里宛如新生的自己，莫伊心里的那根弦终于松动了，便有心办卡，但又顾虑离家太远，自己不会开车。这对店员极力游说："女人到了中年，理所应当为自己投资，而追求美本身就是一件不容易的事情，自然是要付出一定的代价，不过，你完全可以在逛街的时候顺便做美容，一举两得的事情何乐而不为呢？"莫伊禁不住诱惑，最后还是花 20000 元办了一张美容卡。

但事情并没有这么简单，那家美容院确实离家太远了，耗费在路上的时间就要两三个小时，打车的话，来回要两百多元，每次去都搞得筋疲力尽。此外，带着两个孩子的她并不怎么逛街，一年最多两次。更让她郁闷的是，不久之后，她在家附近发现了这家美容院的分店。她想到家附近的店做美容，便打电话去向店员询问改地址的事情，又被店员告知每个店的优惠政策不一样，如果要改地址的话之前享受的优惠就要作废，要从卡上的钱里扣除，她又觉得不甘心。无奈，她只好时不时将孩子送去婆婆家，自己再坐两三个小时的车去做美容。等到美容卡用完，她一核算，发现光车费就花了好几千元。

在莫伊和美容院店员的博弈中，莫伊想要变美，却面临种种困难。美容院店员为了说服她，采取种种说辞，诱使她上钩。当做美容已经变成一件尴尬的事情时，莫伊却因为已经投入的成本以及更改地址的代价大等原因而无法放弃。实际上，从理性的角度来看，这时候，她应该采取的策略是果断退卡，忘记已经发生的事情和已支付的成本。她只要考虑这项活动之后需要耗费的精力和能够带来的好处，再综合评定它能否给自己带来效用，就可以做出正确的选择，但很遗憾的是，她没有这样做。事实上，她付出的那几千元的车费已经足够她在离家近的地方享受数次服务。

综上所述，已经失去的沉没成本不应该影响接下来的决策过程。我们应该时刻牢记以下原则：

1. 事先慎重决策，做出正确的决定

在成败博弈中，要想避免协和谬误，博弈者就要慎重决策。在行动之前深入思考和调查，仔细分析形势，弄清楚时间的推移、形势的变化对博弈会产生什么影响，投入的成本在什么情况下会打水漂，一旦出现问题有什么有效的矫正措施等，最终做出正确的决定，从一开始就尽可能地规避沉没成本。

2. 事后具备壮士断腕的勇气，放弃沉没成本

正如奥姆维尔·格林绍所说："我们不一定知道正确的道路是什么，但不要在错误的道路上走得太远。"同样，在成败博弈中，当你发现采取某种策略的后果已经远远超出预期，再进行下去一定不会有效用，那么，请你立即止损，不要再眷恋沉没成本，不要抱有任何侥幸心理，不要再延误下去。

优未必胜，劣也未必汰

　　根据达尔文的进化论，自然界的物种优胜劣汰，即适应能力强的保存下来，而适应能力差的被淘汰。大自然亿万年的演变都证明了这一点，然而，劣不等于混吃等死，处于弱势地位的人会想尽办法让自己活下去，而处于优势地位的也可能因为得意忘形而被拉下马。换言之，优未必胜，劣也未必就会被淘汰。

　　之所以会这样，是因为生活中多数博弈都是不完全信息博弈，即参与者并不完全清楚所有信息的博弈。博弈者不完全清楚对手的策略，不能做出准确的判断，只能根据以往的博弈结果选择接下来的策略，或者按照一定的概率去推测其策略选择，以至于博弈过程中充满了变数，看上去注定了的结果，很可能会变成另一个样子。

　　街角新开了一家小吃店，专卖各种各样的新鲜小吃，小店只有一间店面，里面摆着几张桌子，店的一角用透明玻璃围出了一块儿地方作为厨房，厨房的物件一看就是洁净的。不远处有一家已经开了好几年的酒楼，老板发现小吃店后暗笑对方不自量力，因为自家无论是卫生，还是菜品或者服务，都尽量做到了完美，以至于这附近的居民好多都是酒楼的老顾客。更何况，这附近是一个高档小区，谁会去那种随随便便的小店里吃东西呢？

　　一开始，小吃店的生意并不好，每天只有寥寥几位客人进店，店主只好眼巴巴地看着邻居家宾客盈门，然后埋头钻研菜品。

　　两个月过去了，小吃店的生意越来越好，店里常常挤得满满当当，甚至有人为了防止就餐时没有座位而提前预订。大家都说，小吃店的食物既稀奇又好吃，关键是便宜。而晚上到酒楼就餐的人反倒少了，好在预订酒席的人还没少。

半年后，小吃店盘下旁边的一间店面。而酒楼里吃饭的散客几乎流失了一大半，酒楼老板也开始绞尽脑汁地琢磨怎么开发出一些新的菜品。

在这场竞争中，很明显的是，小吃店是劣势的一方，店小，设备简陋，没名气，仅仅卖些小吃；而酒楼则是有优势的一方，开店时间长，在经验、资金、资历、客源等方面都有很大的优势，结果却是，具有优势的酒楼被劣势的小店抢了生意。为什么会这样呢？

生活永远是变化的，没有什么是不变的，优势、劣势、强者、弱者的地位转变经常出人意料，在这期间，头脑、智慧、拼搏发挥着重要的作用。

小吃店虽小，却有自己的特色，菜品给人以新鲜感，就连做菜的过程也通过透明厨房的方式展现在食客面前，给人干净卫生的感觉。如果说酒楼给人的是正式感、庄重感，而小吃店则给人新鲜感。

小吃店虽小，却因为老板的眼界和努力走出了一条不同的路子。即便是在生意惨淡的时候，店老板也没有放弃，而是埋头钻研菜品。而酒楼老板因为一开始对竞争对手的轻视而被人抢占了上风，以至于后来只能被动应对。

处于劣势的人可能因为没有退路而一往无前，因其置之死地而后生，反倒能够全力以赴，处于优势的人也可能因为负重前行、麻痹大意、轻敌懈怠而瞻前顾后，所以，优势和劣势从来都是相对的。优能不能胜，劣会不会被淘汰，不仅仅取决于自身实力的强弱，更取决于博弈者自身的认知以及适应、改造环境的能力，自我改进的能力等。作为博弈者，我们不仅仅要接受现实、顺应形势，也要敢于打破常规，运用合理的方式，让自己获得生存的机会，甚至最终击败对手。

1. 处于优势，则有效经营，莫跌倒在优势上

在竞争中，实力强大，拥有自己的强项自然是好事，但很多时候，我们不是败在自己的缺点或短板上，而是败在自己的优势上。当你躺在强项上，目中无人、疏忽轻敌的时候，很可能已经被有眼光、有魄力、有头脑的对手拉下马而不自知。因此，即使是处于优势地位，我们也要有效经营自己的强项，使其发扬光大，让自己在博弈中取得胜利。

2. 处于劣势，找到自己的长处，准确定位

那家小吃店虽然一开始处于劣势地位，但其长处也很明显，虽然，它不能像酒楼一样去举办正式的宴席，但胜在新鲜别致，卖的是周围没有的食物，拥有对方没有的透明厨房。面对强大的对手，小吃店没有畏缩不前，而是将自己的长处发挥到极致，从其他方面去吸引顾客。同样，我们在面对竞争的时候，也要扬长避短，甚至剑走偏锋，形成或找到自己的优势，并竭尽全力将自己的优势放大，给人以不一样的感觉，从而增加自己的竞争力，在博弈中获得有利的地位。

成功者不争输赢，只求成长

博弈，本意是下棋，也即对弈。既然是对弈，便有输有赢，但对弈本身并非仅仅为了争个输赢。那么，我们也可以说，博弈也并非为了输赢。

《大学》中有言："物有本末，事有终始。知所先后，则近道矣。"其含义就是：天地万物皆有本有末，凡事都有开始和终了，能够明白本末、终始的先后次序，就能接近《大学》所讲的修己治人的道理了。同样，在博弈时，不争、不比较、不计较，才能专注于博弈本身，专注于自我提升，才能避免将时间和精力浪费在无益的争斗上。事实上，若能够洞悉博弈的本末、变化发展的先后、处事的优劣、力量的对比、能力的升降等，就能从中窥见博弈的真谛，获得成长。

十年过去了，大林仍然记得他第一次参加北方设计大师比赛的情景。那时，比赛即将开始。大林作为团队的负责人，决定带着公司的团队精心地进行筹划，准备材料、构思理念、设计作品、设计方案……自以为万无一失后，大林终于确定了最终的方案。

比赛开始了，大林的团队是第六个上场，后面还有几十个参赛团队，但是，大林耐心地观看了之前的比赛。他突然意识到什么叫作"人外有人，天外有天"，他发现虽然自己和团队付出了很大的努力来筹备这次比赛，但是，无论在设计理念还是设计产品方面，自己和团队都还有很大的进步空间。甚至从某种程度上来说，他和团队精心准备的作品看起来有些幼稚。

这次比赛中，大林的团队并未得奖，甚至名次仅仅是中等偏下，但他仍然认为不虚此行。在这次比赛中，他真正见识到了什么样的设计才称得上是优秀的作品。

此后的十年，大林研究了无数成功的设计作品，不断地学习新的设计理念，终于在同行业占据了一席之地。

可以说，在这个多元的时代，新的理念、新的方法、新的领域层出不穷。成功就需要成长，而成长就来自输赢的经历，输的反思、赢的总结，都是宝贵的财富。比赛让大林看到了自己与他人的差距，看到了自己的不足，给予了他向上的动力，也使其有了成功的机会。

所以，与人博弈，输赢不重要，能否得第一也不重要，重要的是，你能否在这一次次的博弈中成为更好的自己，能否最大限度地发挥自己的潜力，能否得到成长。通过博弈，输家获得新生，赢家从此登上更高的平台，而真正的成功者在意的也永远不是输赢，而是能否学到东西，能否完善自己。也正因此，那些成功者往往能够在博弈中发展，在博弈中实现成长。

1. 学习他人的长处

在信息时代，若只靠自己所掌握的技能和知识，充其量也只能解决自己的基本生存问题，而只有不断地吸收新的智慧、不断地提升自我，才谈得上生活质量、实现自我价值。所以，现代社会对于人们的要求之一就是不断地学习，而学习他人的长处能够帮助我们在最短的时间里获得有效的方法、技能、智慧等。在博弈中，我们应该更多地关注对手所展现出来的博弈的智慧、生活的智慧，为我们的工作、生活提供有益的借鉴。

2. 借鉴他人的经验教训

博弈中，不是所有的道路都必须重走一遍，不是所有的错误都必须重犯一次，不是所有的方法都必须重试一次。如果能够认真观察、思考他人的经验和教训，避免掉入同样的陷阱，博弈者完全可以节省大量的时间和精力，在最短的时间里，以最少的投入获取最大的博弈利益。

3. 反省自身的不足

荀子曰："君子博学而日参省乎已，则知明而行无过矣。"博弈中，难免会有因自身条件、能力不足等导致博弈失败的时候，认真反思和深刻剖析自身存在的不足，反思以往的得失成败，弄清楚为什么失败，为什么成功，还有哪里可以改进，哪里可以保持现状，这样，便不会重蹈覆辙。

有时不妨多一些置身事外的智慧

正所谓"当局者迷，旁观者清"，坐山观虎斗也能得到自己所期望的结果。在枪手博弈中，无论谁先开枪，暂时未加入战队的人都是处于优势地位；而且，其态度越是模糊，对其加入战队的人来说都是潜在的威胁，其地位就越是重要。因为两者相争，寻求尚未介入而很有可能加入的人的支持是每个人的必然选择。因此，当你实力不如人，无力与人对抗的时候，不妨多一些置身事外的智慧。

在同一家公司上班、租住在同一个房间里的嘉敏与梅丽因为一点小事发生了争吵，两人唇枪舌剑，谁也不让谁，吵了个翻天覆地。不过，很明显，伶牙俐齿的嘉敏占了优势，几次呛得梅丽大哭。同住一间宿舍的若若看不下去，上前帮着梅丽对付嘉敏。这下子，嘉敏如火上浇油，怒气更盛，连若若都骂了进去，场面混乱至极。

十几分钟后，大家终于安静下来，喘着粗气，气鼓鼓地相互看着对方。这时，一直在角落里观战的筱筱站起来，笑着将每个人都拉到自己的椅子上坐下，然后给每个人倒了一杯水放在面前，轻轻地说："我们住在一起一年了，感情都很好。嘉敏，梅丽还帮你骂过渣男。梅丽，上次嘉敏不是还请假陪你去医院吗？今儿这是怎么了？都消消气。"

口干舌燥的嘉敏喝了一口水，沉默着笑了。梅丽也走开去收拾脏乱的地板了。

后来，筱筱无意中听到嘉敏和别人说："筱筱那个人不像若若那么见风使舵，她挺好的，仗义、大方、会说话，值得交往。"筱筱笑了，其实，她从来都不擅长和人争吵，那天也只是为了避免被战火波及而已。

倘若筱筱早早地介入争吵，很可能像若若一样，成为两人争吵的炮灰。其实，生活中这样的事情很多。比如，两家公司恶性竞争，紧咬着彼此不放，以至于最后两败俱伤，无力翻身，这时，一直置身事外的新公司反倒很可能会趁着竞争对手疲弱的机会长驱直入，牢牢占据市场。两名职员为了一个职位彼此攻击，纷纷到上司面前说对方的坏话，而一直不显山露水的第三方却因为不争不抢、专注于工作本身，在职位竞争这场博弈中给上司留下了好印象而顺利上位。所以，学会置身事外，不啻一种难得的智慧。

1. 清醒地判断形势

置身事外的目的是最大限度地保全自身，最大限度地实现自身的利益，而不是真的逃避博弈。所以，作为博弈者，我们需要清醒地判断形势，弄清楚当前战局中双方争夺的利益是什么，每个博弈者的实力如何，自己处于何种状态，采取什么手段介入能够扭转战局。这样，才能为下一步的介入奠定基础。

2. 把握加入战局的时机

把握机会，这是通往成功的重要前提。如果过早地介入一些竞争和博弈，反倒会让自己成为炮灰；而介入得过晚，又可能让我们错过最佳的翻身时机。但在博弈中，博弈者各方的力量变化经常都是瞬息万变的。条件改变后，成功的概率也会随之变化。所以，当最佳的介入时机到来，我们应该果断行动。一般而言，比较合适的时机有：博弈告一阶段，已介入博弈者双方力量被削弱的时候；有可能合作的一方败象已显的时候；博弈开始不久，但博弈走向明显开始对自己有利的时候……

第六章

机会博弈：先动与后动，当中大有玄机

做只"智猪"，吃点免费的午餐

"智猪博弈"是约翰·纳什提出的一个著名的博弈案例。假设猪圈里有两只猪，一只大猪，一只小猪。猪圈的一边有个踏板，每踩一下踏板，在远离踏板的猪圈那一边的投食口就会落下少量的食物。当小猪踩动踏板时，大猪会在小猪跑到食槽之前吃光所有的食物；若是大猪踩动了踏板，则还有机会在小猪吃完落下的食物之前跑到食槽，争吃一点残羹。那么，两只猪各会采取什么策略呢？

答案是小猪舒舒服服地等在食槽边，而大猪则为一点残羹不知疲倦地奔忙于踏板和食槽之间。

这是因为，对于大猪来说，它需要更多的能量，自然需要更多的食物，没有办法像小猪一样干等着。所以，去踩踏板是上等策略，这样最起码还有食物吃，而不至于饿死。

对小猪来说，小猪的体力和速度决定了它永远跑不过大猪，若去踩踏板，就什么都吃不到；如果它不去踩，只要大猪不会坐等饿死，它就能轻而易举地吃到食物，所以，对它来说，不踩动踏板相对于踩踏板来说是上等策略。

在智猪博弈中，多劳未必多得。辛苦奔忙的大猪劳碌不停，所得到的仅仅是一点残羹。反倒是力量处于劣势或者伪装劣势的小猪，不需要付出太多的努力就能够吃到免费的食物。生活中，总有一些人会成为不劳而获的小猪，而另一些人则充当了费力不讨好的大猪。实际上，大猪明明知道小猪一直过着不劳而获的生活，而小猪也知道大猪总是碍于面子或责任心不会坐着等待。因此，其结果就是，总会有一些大猪过意不去，主动去完成任务。而小猪则在一边逍遥自在，反正任务完成后，奖金一样拿。

明威是一家公司的一个项目小组的组长。明威为人积极上进，聪明能干，年年都被评为优秀员工，年终奖每年都是公司里最高的。今年，公司新接到一个项目。明威力排众议，从三个项目小组里脱颖而出，成功拿到项目。为了表明自己的决心，他还在公司的例会上立下了军令状。

这个项目比较复杂，需要两三个月的时间才能完成。明威仔细研究了项目，细化任务，并将任务下发到每个组员，不定时组织案例讨论、撰写分析报告和上台演示。当然，为了很好地完成项目，需要每个组员都各尽其职，发挥自己的聪明才智，把自己的任务做到最好。但是，小组里有三个刚刚进入公司的新人，他们对业务不熟悉，没有相关的工作经验，根本没有办法完成分配给自己的任务，只能做些简单的配合工作。而其他的组员以自己的工作量很大为由拒绝带新员工，每次遇到问题的时候都会向明威寻求帮助。特殊时期就要有特殊措施，无奈之下，明威只好亲自上阵，带着这些新员工一起工作，同时还要兼顾审查其他组员的工作。很多时候，其他的组员包括新进员工都已经回家了，明威还在熬夜帮他们改报告、定方案、修改细节、指导工作。

艰苦的两个多月过去后，项目终于完成，投入使用后，项目回报非常可观，整个项目小组都被公司提名嘉奖，还获得了不菲的奖金，包括那三名新进的员工。

通过这个项目，明威进一步确立了在公司的王牌员工的地位，其他的组员也得到了相应的回报，新进的员工也因此获得了难得的工作经验和经济回报，在同时进公司的员工里显得更加优秀。

在这里，明威扮演的是"大猪"的角色，其他人可以偷懒，可以因为业务不熟而将工作抛给组长，而明威不可以推脱责任，他只能负重前行，直到完成项目任务。新员工及其他员工扮演的就是"小猪"的角色，他们虽然没有足够的经验，却借助他人的力量，完成了工作，得到了奖金，获得了提升，进而得到了公司的认可。如果他们以能力所限而抛开这份免费的午餐，放弃参与的机会，另找他途，浪费的只会是自己的时间和机会。

事实上，生活中，像这样免费的午餐有很多，谁能够抓住它，谁就可以找到捷径，更快地取得成功。因此，在人生的博弈中，我们需要打开眼界和思路，不断地去寻找一切可以利用的资源，不鲁莽、不轻视，做只"智猪"，踏踏实实地享用免费的午餐，将之当成机遇，去提升自己的高度。

1. 注意对方的承受度

没有人心甘情愿地为他人作嫁衣裳，如果我们扮演了"小猪"的角色却贪得无厌，总是渴求得到更多的利益，结果可能会逼烦"大猪"，使其不愿意再继续付出努力而寻找其他的平台。这样，"小猪"就会因为没有可搭的便车而一无所获，或者只能自己辛辛苦苦地去"踩踏板"。所以，如果身处智猪博弈中，且最优策略是不"踩踏板"，就要注意对方的承受度，在对方的承受范围内博弈。

2. 让对方心甘情愿地按照自己的期望去行动

在智猪博弈中，能否采取恰当的手段让"大猪"心甘情愿地按照自己的期望去行动才是问题的关键。利用他人的努力来为自己谋求利益的"小猪"是最大的受益人，因为他不必付出什么劳动，就能获得自己想要的东西。可是"大猪"同样是理性的，他也会衡量所得与付出是否成比例，要让他主动行动，就要让他觉得值得。就像明威的项目小组，最后项目顺利完成，这不仅仅是小组的试金石，更是他个人能力的证明，而最后，他所获得的物质上的回报也是对他付出的极大肯定。所以，即使过程艰辛了些，即使被人占了便宜，这个结果对他而言，仍然是值得的。所以，他愿意为此而努力。反之，如果最后小组的每个人所得完全相同，不分彼此，明威恐怕不会有如此大的动力去为了整个小组而战。因此，驱动"大猪"最重要的就是利益满足，其方式不拘一格，可以是物质上的满足，也可以是精神上的肯定。

学会"沾光"，借助他人的优势成就自己

"狐假虎威"的寓言故事里，狐狸的威风是沾了老虎的光；"智猪博弈"中，"小猪"是沾了"大猪"的光。在通往成功的道路上，要学借助他人的优势，成就自己的事业。

比尔·盖茨开创事业的第一桶金就来自沾光的收益。创业初期，他希望与当时世界上最大的电脑公司 IBM 签订一个合作单子。但当时他还只是一个学生，没有足够的实力和身家，根本就没有能力去说服对方，毕竟没有哪个大公司会同一个学生签订那样大的一份合约。思前想后，他想到了自己的母亲。当时，他的母亲正是 IBM 董事会的董事，有母亲的名头在，有 IBM 董事的身份在，想取信对方不是轻而易举吗？于是，他马上行动起来，请自己的母亲出山，为自己牵线搭桥，很快，他如愿以偿地拿到了盼望很久的那份合约。从此以后，比尔·盖茨的事业开始起步。

在这里，比尔·盖茨没有伤害到任何人的利益，他只是借助母亲的力量，为自己的能力进行了强有力的注解，实现了自己的目标。如果他不沾这份光，就要从其他渠道寻求帮助，浪费的只会是自己的时间和机会，可谓得不偿失。事实上，生活中像这样的机会很多，谁能够抓住它，谁就可以找到捷径，更快地取得成功。

要知道，在人生的博弈中，他人的社会影响力也是一种宝贵的资源，只要运用得当，就能有效增强自己的博弈优势。

1. 莫损人利己

沾光的要诀是，在不损害他人利益的前提下，实现自己利益的最大

化，从而实现双赢。也就是说，在博弈中，博弈者应该做到利己，但不损人。所以，当你做出决策的时候，请先尊重他人的合理利益，并在双方利益中找到一个平衡点。

2. 借名人的势

名人本身拥有各种社会资源，人们会认为，与名人有关系的人自然也不平凡，当然就愿意相信他们。这样能够为他们带来资源和财富。所以，很多公司的老板在经营自己公司的时候，会请来名人做自己公司的形象代言人；很多人在介绍自己资历的时候会说出和哪些名人合作过、与哪个名人是朋友。同样，身处博弈中的我们，也可以想方设法借名人的势，来扩大对自己的宣传。

3. 借助身边德高望重或者有地位的人的势

不是每个人都能与名人建立联系，但每个人的身边都会有德高望重或者有地位的人。他们说话、做事都会比其他人有说服力，也更有公信力。这样，在与人博弈中，我们也可以借助身边德高望重或者有地位的人的势，来成就自己。

4. 借助其他企业的名气

倘若是经营公司，我们也可以借助那些知名企业、成功企业、客户信任的企业的名气，拉近与客户之间的距离，消除对方的疑虑。当然，需要注意的是，采用这种方法的时候，为了避免得不偿失，所选择的企业一定要是客户信任的、与本公司业务有关系的。

5. 借助重大活动的影响力

有时，社会上发生的重大事件也可以成为我们成功的助力。

北京亚运会筹备阶段，秦皇岛亚运村需要订购一批家具。但是，因为客户对家具的要求非常严苛，出价又很低，以至于很多厂家都不愿接单。但秦皇岛建国家具厂却认为这是一个很好的机会，自己完全可以借亚运会的光宣传自己。于是，他们加班加点赶制出了一批设计新颖、质优价廉的"海星牌"家具。果然，不久之后，亚运村各大新闻媒介上出现了"海星牌"，而建国家具厂就此名扬天下，在全国 20 个省市建立起庞大的销售渠道。

在这里，建国家具厂果断出手，借助亚运会这个重大活动向全国宣传了自己。同样，我们也可以抓住社会上有轰动效应的事件来扩大自己的影响力。

伺机而动，该出手时就出手

"智猪博弈"中，"大猪"的体力要远好于"小猪"，如果"小猪"动作迟缓，很可能刚刚反应过来，"大猪"已经吃完了投下来的食物。为了避免饿肚子，当"大猪"踩动踏板之后，"小猪"要在大猪跑回来吃完食槽里的食物之前行动，不犹豫，不怀疑，更不要患得患失。

众所周知，索尼公司在电器方面一向非常成功，还多次引领世界风潮。20世纪中期，索尼公司研制出了世界上第一台家用小型录像机。此后，该录像机投入生产，并风靡世界。

松下公司很快就发现了索尼公司的动向，也仔细研究了录像机，但他们认为时机还不成熟，紧随其后去推出产品不一定会引起轰动，于是耐心地静观市场。过了一阵子，这种家用小型录像机走进千家万户，获得人们的喜爱，但他们认为索尼的录像机可录像时间太短，使用起来非常不方便，难以充分满足需要。

这时，松下公司果断出手，迅速推出了能够长时间录像的机种，价格也比索尼的价格要低很多。事实证明，松下的这一决策是正确的，新机种一上市就深受喜爱，甚至取代了索尼的录像机。

不仅如此，如果你仔细研究就会发现，时至今日，松下公司的大部分产品往往是在其他公司推出一段时间后才面世的。但很让人意外的是，这些产品仍然能够后发制人，其秘诀就在于他们跟随在"大猪"的身后，既避免了风险，又准确地把握了时机，在对手推出新产品后，对消费者的需求反馈迅速做出反应，及时快速地推出自己更符合市场需求的创新型产品。

"时机不成熟，不可强出头。"在机会博弈中，我们应该像松下公司那样，在不具备条件的时候，做只懒惰的"小猪"，耐心等待，必要的时候跟随别人的脚步，沾别人的光；只要时机成熟，该出手时就出手，像狼一样迅速行动，及时适应外界的变化，认真观察等待时机，并在关键时刻迅速出手以赢得胜利。

1. 机会出现前，要耐心等待

机会博弈中，最考验博弈者的就是对时机的把握和卧薪尝胆的耐力。古人说"十年磨一剑"，而在现代社会，厚积薄发也比急功近利更能走得长远。我们要像一头狩猎的猛兽那样，刨除内心的浮躁，沉下心来，耐心等待最好的机会出现，莫因过于急切提前出手而增加自己的博弈成本。

2. 修炼自己，才能在关键时刻顺利出击

市场上每年推出的产品成千上万，跟随者更多，但成功的跟随者寥寥无几，要么受制于资金、技术，要么眼界不够开阔，只能生产出劣质的产品，被人当成假冒伪劣产品，这样的跟随必定走不长久，只会被淹没。而那些成功的跟随者，往往拥有相当的品牌知名度，有足够的实力与其他的竞争对手竞争，既能够充分利用跟随对象的优势和长处，又能够找到自己的特色，从而能够在竞争中站稳脚跟。

莫因长久坐享其成而自我麻醉

机会博弈中，某些情况下，后动确实可以带来后动优势，跟随在别人的背后安逸地坐享其成，既可以分到实惠，又不必承担风险，何乐而不为呢？但正如温水煮青蛙一样，长时间过于安逸可能消磨了博弈者的斗志，使其失去对事件的敏感度、掌控力和主动权。

艾玛大学毕业后，因为一个偶然的机缘，发现所在城市的人们非常重视养生问题。认真考察市场后，艾玛和一位要好的朋友合作，两人一起开了一家养生馆。

创业期间，艾玛和朋友两人忙得脚不沾地，夜里两三点钟还要凑到灯下商量第二天的工作安排。在这个过程中，合伙人——她的朋友起到了非常重要的作用：除了投入一半的初始资金外，还负担了公司大部分的工作。朋友是个细心、谨慎、做事有条理的人，在打理公司的日常事务、业务拓展、后勤服务等方面都非常优秀。有时候，艾玛没有想到或没有做好的事情，朋友很快就会接过去处理好，这让艾玛觉得创业虽然确实辛苦，但也没有想象中那么难熬。

功夫不负有心人。一番努力后，养生馆的生意总算走上了正轨。看着账上的流动资金越来越多，客户群越来越稳定，艾玛总算能够松一口气了。

养生馆走上正轨后，艾玛渐渐有点松懈，她开始有意无意地将一些事情丢给朋友去做，自己抽身出来。而朋友即使发现了艾玛的懒散或失误，也并不说什么，而是默默地善后。

久而久之，艾玛发现自己一天不去馆里也没关系，朋友可以将所有的事情都处理得很好，她只需要坐等定期收钱即可。最后，养生馆里天天见到朋友忙忙碌碌的身影，却完全不见了艾玛的身影，她变成了只拿钱而不付出努力的隐形老板。每次向旁人说起美容院的运营，艾玛都很得意自己的聪明。

这样安逸的日子过了两年。一天，朋友突然提出要另立门户，并要求带走养生馆一半的资产。艾玛惊愕之余，苦苦挽留无果，两人分道扬镳。朋友带走了一部分顾客，而艾玛接手了养生馆的全部工作。

这时，她才发现从创业到现在的三年时间里，养生馆发生了很大的变化：工作区域几百平方米，员工三四十人，固定客户几百人。规模大了，日常要处理的工作也非常多，艾玛从早忙到晚，天天忙得焦头烂额，但顾客的投诉却越来越多，员工的怠工情绪也越来越严重。更麻烦的是，因为她长期疏于业务，早已经跟不上公司形势的变化，要重新开始也不知道从哪里入手了。而这时，她听周围的人说，朋友离开她后，在短短的三天时间里就开起了一家养生馆，而且一开店就有大批顾客光临，生意蒸蒸日上，发展势头非常好。艾玛这才知道，朋友另开炉灶的行动可能已经筹划许久。

艾玛终于意识到，离开朋友，她自己一个人根本无法撑起一个公司。

两人的博弈中，朋友主动或被动地承担了大部分的工作，而艾玛则一步步地"沾光"，一点点地吃免费午餐，直到形成习惯，坐享其成，不思进取。看似非常好的结果，但日子一久，艾玛渐渐游离在公司的业务之外，失去了对公司的控制权和主导权。一旦"大猪"不再踩踏板，靠山倒塌，她就完全无法承担起那副沉重的担子。

机会博弈中，做只聪明的"小猪"，依靠他人，固然可以坐收渔利，但若沉浸其中，长期坐享其成，最后只会自我麻醉，忘了提升自我，忘了关注周围形势的变化，忘记自己怎样才能很好地把握整个博弈的局面。

而这正是博弈的大忌，也是人生的大忌。

君不见，多少企业沉溺于眼前的小得小利，不思进取，最终在竞争激烈的市场中被淘汰，甚至为他人作嫁衣裳；多少男女在婚姻生活中耽乐于对方创造的安逸生活，忘了自我存在的价值，一旦婚变，生活甚至整个人生都因此而跌入低谷……

正所谓居安思危，人往往奋发于忧患中，而荒废于坐享其成、不思进取。在与他人的博弈中，我们强调要学会搭便车、吃免费午餐，只是教你以最小的代价，在最短的时间里，用最快的速度、最简单的方法，以最有效的方式整合自身资源，实现自我利益最大化，而绝不是要你躺在别人的资源上居安不思危，自我麻醉，乃至忘记初心。所以，聪明的你莫因长久坐享其成而自我麻醉。

1. 时刻记得观察、分析自身及策略的优劣和博弈形势的变化

博弈是一个持续的、发展变化的过程。博弈形势随时都可能发生变化。在这个过程中，博弈者自身的优势、劣势乃至于具体策略都可能随之而变。彼时合适的资源、策略放在此时可能就不合适，此时能够顺利解决问题的方法彼时就可能完全无用武之地。聪明的博弈者要时刻记得观察、分析自身及策略的优劣和博弈形势的变化。

2. 关注博弈对手的现状

在艾玛和朋友的长期合作中，艾玛始终停步不前，躺在之前的成功和朋友的付出上安稳睡大觉，而朋友却一直在努力提升自己。当艾玛还在为自己的小聪明沾沾自喜时，朋友却已经在悄无声息地筹谋另开炉灶。这样的行为无疑给艾玛日后的困境埋下了伏笔。事实上，机会博弈中，博弈者应该时刻关注博弈对手的现状，时刻把控对手的策略及其优劣，将来可能采取的策略及对自己的影响等因素。

第七章

竞合博弈：摒弃分裂，合作才能共赢

"猎鹿博弈"，合作共享才能共赢

猎鹿博弈中，博弈双方的一切策略选择都基于利益。如果选择某种策略会带来利益上的损失，交战双方就会产生顾虑，重新审视自己所选择的策略是否正确。这样，当博弈重复进行下去，他们就会发现对抗或分裂并不能带来好处，所以只好合作分享、化解冲突。

法国著名启蒙思想家卢梭在其著作《论人类不平等的起源和基础》中讲过这样一个关于猎鹿的小故事：

一个村庄里有两位猎人，他们主要的猎物只有两种：鹿和兔子。如果两位猎人齐心协力，忠实地守着自己的岗位，他们就可以共同捕得一只鹿。若是两位猎人各自行动，仅凭一个人的力量是无法捕到鹿的，但可以抓住四只兔子。从能够填饱肚子的角度来看，四只兔子可以供一个人吃四天，一只鹿可供两人吃十天。那么，猎人怎么做才能够实现利益最大化呢？

我们可以从博弈的角度来对这个问题进行分析。显而易见的是，对于两位猎人来说，他们的选择有两种：要么一个抓兔子，一个去打鹿，前者收益为四，后者一无所有，收益为零；要么分别打兔子，每人各得四；要么合作，每人得十（平分鹿之后的所得）。也就是说，如果两人单打独斗，则收益要么为零，要么为四；如果两人合作，则收益最大化。

猎鹿博弈告诉我们，对抗、分裂不是一个有利的选择，单打独斗只能损人不利己，而合作共享才能带来真正的双赢，形成"你好，我也好"

的局面。

一对小情侣结伴到国外去旅行。女子细心、耐心，做事井井有条，将两人的行程规划得非常好，但她不通外语，沟通有障碍。好在同行的男子虽然没有多少生活经验，经常丢三落四，连照顾自己都成问题，他在大学是学外语的，而且长年和外国人打交道，精通外语，与外国人交流无碍，再加上他为人风趣幽默，两人旅行倒也十分愉快。

不料，一天，两人在旅馆因为一些琐事吵了起来，唇枪舌剑，谁也不肯让步。最后，女子气得摔门而去，男子也赌气不去找她。这一天，两人各自行动，分头继续行程。两人本以为没有对方在身边烦扰，旅行一定会更愉快。没想到的是，女子因为语言不通，连问个路都困难重重，好几次走错路，最后，她站在路边看着来来往往的车辆，心里更委屈了。男子因为没有人在身边唠叨、提醒，去酒吧的时候不慎遗失了护照和钱夹，不得不求助于警察。

这让两人明白了一件事：彼此对于对方都是很重要的存在，只有携手前行，才会有愉快的行程。

两人携手才能够有一段愉快的旅程，不仅仅是现实的要求，更表明了人们对利益的追求。同时，建立起良好的人际关系，也是实现经济合作的基础，更是促进双方发展的一种理性的选择。

在这个竞争激烈的社会，每个人都拥有不同的才能、资源，个人英雄主义高唱凯歌的时代早就成为过去式，单打独斗将变得困难重重，很多时候我们需要并肩作战，一起面对博弈的风险，通过策略互补来提升自己的竞争力，才能够以他人的优势弥补自己的劣势，最终立于不败之地。不过，合作的过程中也要注意以下一些问题：

1. 要有合作的价值

合作、共享不是平分。合作共享是发生在两个实力均衡者之间的，而平分是完全不考虑双方能力、贡献、平台的差异，将资源平均地一分为二。仔细分析就会发现，猎鹿博弈中，两个猎人合作的前提是两人能力相差不大，通过合作打猎所得的数量相差不大，这样，两人最后才可能欢欢喜喜地接受每人得十这个结果。如果两人合作后，其中一个人经常失手，总需要另一个人付出更多的努力才能够得到猎物，那么，出力多的人会觉得不公平而心生委屈，这样的合作最后必然破裂。

有人说，人不怕被利用，就怕连利用的价值也没有。事实确实如此，你想要得到回报，首先就要有合作的价值，有和博弈对手相当的能力，能够给对方提供对等的回报。所以，在猎鹿博弈中，你首先要做的是让自己强大起来。

2. 赋予双方平等的支配权

正如前面所说，猎鹿博弈中，合作的前提是双方的能力相似。但这仅仅是合作进行下去的一个前提。需要注意的是，任何博弈都是在外力影响下进行的。如果其中一位猎人在分配猎物的过程中，请有背景、有权力的亲朋出手分走大部分战利品，那么另一位猎手就只能得到少部分战利品，无论所得与其付出是否匹配，他都不会有继续合作下去的愿望。同样的道理，旅行中的男女在争吵后，如果男子因为确实无法应对生活，叫来了自己的家人助阵，请家人料理生活起居，他就不会有合作的动力，自然也就不会再合作下去。之所以会这样，是因为外力的介入使得博弈双方对博弈的过程、博弈结果的支配权出现了极大的差异，双方不能平等地支配博弈的整个过程。也就是说，要想让合作、分享持续进行下去，还要赋予双方平等的支配权，使其独立自主地进行博弈，而不会因为外力的介入拥有更多的支配权。

3. 事先申明价值

利益永远是博弈者追逐的终极目标，处于猎鹿博弈中的博弈者也不例外。为了避免合作过程中出现一些不必要的纠纷，最简单的办法就是事先申明价值，约定好投入和分配的比例，说明大家的预期目标、让步范围等，从根本上形成双方的平等地位和公平待遇，从而保证每个人利益的最大化。

"海盗分金"，没有永远的敌人和朋友

丘吉尔曾经说过，没有永远的朋友，也没有永远的敌人，只有永恒的利益。博弈也是这样。各方博弈者今天可以因为利益而结成联盟，合作、分享、同仇敌忾、同进共退，明天也可以因为利益背道而驰、相互背叛、相互攻击。海盗分金博弈模型就鲜明地体现了这一点。

有一天，海盗们抢来了100枚金币，为了分抢来的100枚金币，5个人争执不下，最后还是决定通过投票来解决。

投票的规则如下：先由所有海盗中最富有攻击性的海盗提出分配方案，由剩下的人分别进行投票，如果有一半以上的海盗同意这个方案，就按照这个方案分配金币，如果一半以上的海盗都不同意，那么这个海盗就会被丢到海里去喂鱼，然后由剩下的海盗中最有攻击性的人提出方案，然后进行新一轮的投票表决。

首先，每个海盗的攻击性强度都不同，而且每一个人都知道自己当前的处境，也知道其他人会做出什么样的选择，更知道自己一旦遭遇背叛将会面临的危险，他们都想既得到金币，又不被扔进海里。他们能非常理智地判断得失，从而做出选择。但是海盗们彼此防范，谁也不相信谁，所以所有的一切都被放在桌面上明面操作，谁也不愿意私下交易。

其次，很重要的一点就是一枚金币是不能被分割的，必须完整地给某个人。

现在，5个海盗会怎样分配这100枚金币呢？

很显然，大家都想拿到金币。那么，按照严酷的规定，1号海盗真是天底下最不幸的人了。作为第一个提出方案的人，即使他一个金币也不要，其他的人也有可能觉得他分配不公而反对他的方案，这样，1号海盗有极大的可能被其他人扔进海里喂鱼。与之相对的，最安全的则是5号海盗。因为轮到5号海盗提出方案的时候，船上很可能已经只剩下他一人，无论提出什么样的方案，他都能得到全部的金币。

再来分析4号。如果1号、2号、3号全部被扔进海里喂鱼，那么，无论怎样，5号都一定会投反对票，把他扔进海里，自己独吞全部的金币。即使4号提出不要金币，5号也会出于自身安全和贪婪的考虑而投反对票。也就是说，前面的人全部死掉对4号来说是一件极为糟糕的事情，只有前面还有人存活，他才会有生存的机会。因此，4号从理性的角度考虑是不应该冒这样的风险，把自己的生命交给5号不靠谱的随机选择上的。他唯一的选择是支持3号，这样，4号的赞成票加上3号本身的一票，赞成票数大于一半，4号的性命就可以得到保证。也就是说，4号的选择是与3号合作，背弃5号。

3号也会面临同样的博弈。他经过上述的逻辑推理之后，就会知道不管4号能否分得金币，都会为了保命而给他投赞成票。这样，3号就必然会选择要100枚金币。

通过推理，2号也能够得知3号的分配方案，那么，他就会提出"98，0，1，1"的方案。相对于3号的分配方案，通过这个方案，4号和5号至少可以获得1枚金币，而不至于像3号的方案那样1枚金币都得不到。这样，理性的4号和5号自然会觉得此方案对他们来说更有利而投赞成票。也就是说，2号会选择4号和5号作为合作的伙伴。

然而，看上去全无生机的1号海盗更聪明，他经过一番推理之后，也洞悉了其他所有人的分配方案。他会果断放弃2号海盗，而给3号1枚金币，同时给4号或5号任意一人2枚金币。换而言之，他的分配方案将会是"97，0，1，2，0"或"97，0，1，0，2"。这样，相对于其他方案，3号、4号或5号按照1号的分配方案分配金币会得到更多的利益，自然会投赞成票，使得1号轻松地得到97枚金币。

这个博弈的过程充分地说明了一个道理：在博弈中，只有利益是永恒的，其他的各种关系都会随着博弈形势和利益分配状况的改变而发生变化。如果大家同心协力，博弈必然会于各方都有利；如果大家仅仅为利益所争斗，即使暂时结盟，最后也必然会选择背叛。整个博弈过程中，海盗们并未固定地认定合作者或者背叛者，每一个人的选择都取决于前面海盗的决策和对后面海盗的策略选择的预判。当彼此的利益一致、追求目标一致时，强盗们就能够彼此协作，为共同的利益而奋斗。一旦他们认为某个人会威胁到自己的利益，就会果断地将其抛弃。博弈，就是如此残酷。

现实中，许多友情在利益面前变得一文不值，在竞争浪潮中携手共进、披荆斩棘的合作伙伴在利益面前分崩离析，同时，也有无数的人在灾难过后变成最亲密的战友。作为人生的博弈者，我们要理性、客观地看待博弈中的背叛与合作，不盲从、不轻信，保护好自己的利益，也不错过机会。

"重复博弈"，别做一锤子买卖

所谓重复博弈，就是指同样结构多次进行的博弈，其中的每次博弈都是一个博弈阶段。博弈次数可以是有限次，也可以是无限次。与一次性博弈相比，重复博弈具有无与伦比的优越性，那就是最大限度地避免了背叛的风险，更容易保证合作的继续。

盛夏到来，小青决定带父母到海边去消暑。她很快订好车票，准备好行囊，并在网上订了三天的宾馆。这家宾馆靠海，装修很温馨，宾馆里的服务员不多。因为刚开业，宾馆入住的顾客也不多。小青和父母到达宾馆的时候，正是夜里一点钟。被从床上叫起来的老板看上去不是很热情，不过，处于兴奋期的小青并未太在意。

第二天中午，小青和父母吃完饭回到宾馆里休息。老板见到他们过来，只是看了看就低头做事。小青想了想，走过去向老板询问其订房电话。小青告诉对方："我们今天出去玩，发现这里离海很近，请问这里的电话号码是多少啊，下次我们再来的时候，就不用费劲到网上找了，我们直接给你们打电话就好了。"老板一听，笑眯眯地拿来一张名片，还耐心地告诉了小青怎样做才能保证订到房间，还承诺下次一定给他们最好的房间。

假设小青向对方表明自己下次一定不会再来，老板就很有可能会收起热情，敷衍了事。小青明确告知对方以后还会来，对方意识到敷衍了事的态度将导致自己利益受损，出于对合作终止可能给自己带来损失的担忧，他尝试着遵守游戏规则。

这是因为，重复博弈的次数会影响到博弈的结果。从理性角度出发，博弈者必然要理性地比较成本与收益，一切的策略选择都以追求利益最大化为基准。当博弈只进行一次时，博弈者在意的是眼前利益，仅仅追求自己的利益就不会考虑是否会遭遇对方的报复，导致一锤子买卖的出现。因为，即使是不诚信，自己也不会有什么损失。如果博弈重复多次进行，聪明的博弈者更在意的是长远利益，每一次都会在对手的博弈历史的基础上做出选择，决定是惩罚，还是继续合作。这样，合作者会得到更多的回报，背叛者将会受到惩罚，所以，博弈者就必然要考虑自己的策略对未来会有什么影响，并最终选择更有利于长远利益的策略。

在现实生活中，那些"百年企业""老字号"等诚信企业，从本质上看就是无数次交易，也即重复博弈的结果。他们为了保持良好的商誉，哪怕是付出超出自己某一时的收益的代价，也要尽可能地按照约定的条件付款或交货。有些人即使投资失败，资金无法回笼，也要想尽办法维护客户的利益，而不是随便把自己的损失转嫁给客户。

同样，人际交往中那些与我们联系紧密的人，也在与我们进行重复博弈。没有人喜欢被欺骗或利用，倘若身边有人欺骗或利用你，从长远利益的角度考虑，就要敬而远之，而那些人品、能力俱佳的人，我们自然要与之建立联系——重复博弈，这对于我们的事业、生活都会有所助益。

商家在做生意的时候，也要考虑到长远利益。如果商家的服务或产品货真价实、服务真诚，消费者就会多次光顾，商家就能够拥有稳定的客户群。反之，商家如果坑蒙拐骗、以次充好、店大欺客，看似做成了一单生意，却失去了与客户重复博弈的机会。长远来看，商家将要为此承担更多的损失。

总而言之，博弈的次数可以改变博弈者的策略，进而改变博弈的结果。理性的博弈者需要根据现实情况，采取恰当的措施，将一次性博弈变成重复博弈。

1. 给对方重复博弈的预期

不是所有的博弈都有下一次。不管是有限次博弈，还是无限次博弈，你都可以给对方一个博弈将会重复进行下去的预期，如"我们就在这里住，以后购物就方便了"，让对方知道，如果这次他选择不诚信的行为，一定会遭受损失。

2. 防人之心不可无

有人说，有些人的忠诚是因为背叛的报酬不够大。确实，如果一个摊贩卖水果的价格是一斤 2 元，每斤赚 5 分钱，他缺斤少两的意愿就不那么强烈，但如果一斤水果价格是 100 元，利润为 20 元，那么，如果称重时少给 3 两，他就可以赚取 30+20=50（元），他会怎样选择呢？所以，作为理性的博弈者，即使是面对重复博弈，也要记住，防人之心不可无。

3. 适度惩罚

在有限次博弈中，对方可能会因为看得见的终结而肆无忌惮地选择背叛。在这样的情况下，适度惩罚是一个很好的手段，它可以对对手形成震慑，使其为背叛这个选择付出足够的代价，从而极大地减小其背叛的可能性。

互惠互利，达到"正和博弈"

所谓"正和博弈"，是指在博弈中，双方的利益都有所增加，或者至少是一方的利益增加，另一方的利益不受损害，简单地说，就是利人利己的博弈。要实现正和博弈，双方都必须为最终的结果做出妥协、让步，以最大的努力去争取合作、分享，保证博弈的顺利进行，所以，正和博弈也被称为合作博弈。

正和博弈中没有输家，双方都因为共同的决策而获得收益，自然也有更多的动力在下一轮的博弈中继续选择合作，这样，博弈双方也共同迎来了未来。

王琦的公司最困难的时候，连着三个月没有接到过订单，一度连员工的工资都开不出来，甚至为了得到原材料，他只好将家里的房子做了抵押。很多员工看不到希望，陆陆续续有人选择离开。王琦很着急，但是没有办法。

这天，业务部的主管来找他辞职，理由是家里经济困难，正还着房贷，母亲生病住进了医院，实在是坚持不下去了。王琦没有挽留，他只是将房子抵押款里剩下的一部分钱拿给员工，让对方先应急。

年轻的主管犹豫了一下，接过钱，转身出去。第二天，他仍然出现在了公司。

第三天，主管带着自己手下的员工们开始出去四处寻找机会。

半个月后，主管带回来一个好消息，一家公司急需一批货，条件是必须在半个月内完工。

此后，公司上下通力合作，在要求的时间内完成了任务。这笔订单让公司获得了一部分周转资金，王琦以此为基础扩大业务，寻找新的客户，渐渐走出了低谷。

在最困难的时候，王琦选择帮助自己的员工，而员工投桃报李帮助公司，这种互惠互利的行为使得双方的博弈成了正和博弈。其关键就在于，双方都能够在追求自己的利益的同时，兼顾对方的利益，甚至从对方的利益出发，使双方建立起长期的良好关系，最终实现了双赢。

同样，在正和博弈中，作为博弈者，我们也要有长远的眼光，尽可能地避免零和博弈，实现"正和"。

1. 突破博弈的封闭系统，向外寻求增量

在正和博弈中，双方的利益并不存在利益转移的情况，而是增加的，整体利益也是增加的。那么，增加的利益从何而来呢？一方面，是双方内部的策略和资源相互整合、升级的结果；另一方面，也是其他社会资源、人际关系、外部资源的促进、吸收、融合、转移的结果。与其埋头苦干，不如突破博弈的封闭系统，向外界寻求增量。

2. 利己先利人，先提供价值

古语有云："己欲立而立人，己欲达而达人。"亚当·斯密也认为："不要对他们讲我们的需要，而是要谈对他们的好处。"其共同之处就是告诉我们，想要有所得，就必然要有所付出，即欲利己先利人。在博弈中，想要达到互利互惠，首先就要给他人创造价值。事实上，在市场之中，不仅是企业家，也包括每一个人，在谋取自己利益的时候，都会考虑两个问题：此事能否给他人带来好处？自己所得是大于付出，还是小于付出？而这也是我们每一个博弈者都要思考的问题。

2. 设身处地，建立双赢思维

实现正和博弈的其中一个前提是设身处地、建立双赢思维，在最大的推理范围内换位思考，站在别人的立场去分析对方会怎么做，而不是仅仅站在自己的角度根据中盘局面去判断对方会怎么做，这样可以帮助我们迅速看清局势，并找到最优策略。

寻求共同利益，在对立中找到统一的点

竞合博弈中，竞争、对抗算得上是博弈的一种常态，双方在冲突、矛盾、对抗中为了追求自己的利益而纷争不断，甚至不惜牺牲一方的利益去成全另一方的利益。即便如此，博弈者彼此之间仍然存在着共同点，如共同利益。

事实证明，对立中蕴含统一，冲突中隐含着共同点，所谓的对手也可以是合作者，即使在对抗中也存在共同利益。在对立中找到统一的共同利益也可以有效扭转博弈的局面，能够促使博弈向双赢的方向发展。

1997 年，苹果公司濒临破产，在之前的短短一年半的时间里蒙受了超过 15 亿美元的损失，已是走投无路。与此同时，苹果公司的竞争对手——微软也面临着很大的麻烦。当时，微软陷于司法部门的反垄断诉讼中无法脱身，经营也受到影响。双方都需要找到一个突破口摆脱眼前的困境，帮助公司走上正轨。

多方权衡后，1997 年 8 月 6 日，微软公司总裁比尔·盖茨与美国苹果公司创办人史蒂夫·乔布斯一同宣布，微软将向处于危难之中的苹果公司投资 1.5 亿美元，并在今后 5 年内向苹果公司提供适用于苹果电脑的商用软件。

正是这 1.5 亿美元的资金援助，让苹果获得了难得的喘息机会。不久以后，苹果满血复活，相继推出 iPod、iPhone、iPad 等产品，进入新的发展阶段。如果没有微软的这次注资，很可能就没有如今风靡全球的 iPhone。与此同时，微软公司也暂时获得了缓和危机的机会。

在苹果公司和微软公司博弈的过程中，双方都有一个诉求——摆脱困境，这是双方的共同利益。不同之处在于，苹果公司希望获得注资，使公司翻身；微软公司希望从反垄断诉讼中脱身。合作帮助双方共同走出了困境，并解决了各自的问题，使两家公司获得长远发展的机会。这说明，找到共同利益，在对立中找到统一点并非不可能，它既是现实的需要，也符合长远利益的规划。

因此，博弈中不要抱着打倒对方的想法一条路走到黑，而要学会换个思路，在冲突、矛盾中寻求突破，找到共同的认知、利益，使博弈由"零和"走向"正和"。

1. 明确提出共同利益

博弈中，很多时候博弈者彼此之间往往是有共同利益存在的。但因为双方的防备、隐瞒、忽略等种种因素，共同利益会被淹没在你来我往的争斗中。对此，最简单的解决办法就是明确提出共同利益，将之作为双方的共同目标，并尽可能地具体化，以实实在在的方式将共同利益摆上桌面，让对方清清楚楚地明白双方合作的基础。

2. 强调共同利益

博弈中，我们不仅要明确共同的利益点，更要时时强调共同利益，给对方加深印象，让对方明白合作、分享不仅仅对我们有利，对博弈中的所有人都是一件有利的事情，而合作是为了在实现共同利益的基础上最大化自己的利益，也是博弈顺利进行下去的基础。

3. 明确分歧，找到让对方满意的策略

明确并强调共同利益并不能真的让对方选择合作。因为即使是有共同利益，每个人的诉求也都有一定的差异性。也正是这些差异性的存在，博弈者最终才会做出真正贴合利益的决策：怎样合作，合作的程度和范围是什么，哪些地方是不可以妥协的，合作是利大于弊还是弊大于利。所以，我们还要明确分歧，尽力找到能够让对方满意的方案，并提出多个

可供对方选择的方案，弄清楚对方更倾向于哪种方案。必要的时候，我们还要对所提出的方案进行调整，直到双方最后成功合作。这样，无论形势怎样变化，我们都能够找到与对方合作的机会。

诚信，竞争中获胜的关键

不管是在囚徒困境中，还是在概率博弈，或者是其他博弈之中，博弈者之所以无法达成合作或者即使合作也很快破裂，关键就是因为诚信的缺失。正因为不信任，才会出现这种博弈思维：我不相信你会坚定地选择不背叛，那么与其你选择背叛，不如我背叛的结果对自己更有利，那么，即使你不背叛，我背叛的结果也不会太差。最终，博弈的结果就陷入双双背叛的困境中。但如果双方彼此信任，完全不担心对方会选择背叛，自然会义无反顾地选择对双方都有好处的合作策略。所以，很多时候博弈者都会根据对方的信誉做出是否相信对方的决定。

事实上，诚信不仅仅是基本的道德准则，也是竞争中生存的重要条件，更是对抗中合作能够长久进行下去的根本。它增加了承诺的可信度，也降低了博弈成本。淘宝网的发展过程就是这样一个典型的、关于诚信的案例。

淘宝网刚刚建立的时候，不断有新的商家入驻淘宝。淘宝的购物流程是：用户通过店家的介绍和图片展示来选择购买哪种产品—下单—店家发货—买家付款，或者用户选择商品—付款—店家发货。在这个过程中，如果是前者，店家会存在疑虑：如果我发货，你不付款，也不退我的货怎么办？如果是后者，买家则会怀疑：万一我付了钱，你不发给我货或者发给我次品怎么办？这种困惑和疑虑成为一个极大的障碍，一度限制了淘宝的发展。

不仅仅淘宝网如此，中国早期的电商普遍面临这个问题。人们更愿意到实体店去购物，哪怕价格更高、逛街更辛苦。

事实上，淘宝网等电商的发展对于商家和买家而言都是大有好处的。店家不必有实体店的投入，却能够卖出商品，增加了自己的收入和利润；买家不必辛辛苦苦逛街，就可以有物美价廉的商品送上门。与此同时，买家也有了更多的选择，可以以更低廉的价格享受到更好的服务。但信任的缺失使双方都不敢轻装上阵。

之后，支付平台的出现、退换货政策的出台、保证金等方式开始被采纳，彼此之间的信任逐渐建立起来，店家需要更谨慎地提供商品，买家可以更放心地付款购物，而不担心店家欺诈。

信任使卖家和买家的关系走上良性发展的轨道，双双成为受益者。不过，也不是所有的店家都能够因为这些建立信任的方式而受益，因为不是所有的商家都愿意提供物美价廉的商品和真诚的服务。

信任也使那些愿意保持诚信的人获得回报。随着时间的推移，那些更愿意提供优质的商品、更愿意为良好的服务和诚信的态度埋单的店铺越来越受欢迎，并在激烈的竞争中赚得了财富，而那些有着欺诈等行为的店铺则受到了惩罚。

因此，想要自己的利益最大化，在竞争中取得长远的发展，就要选择合作性博弈，使双方建立起彼此信任的关系，并愿意保持诚信，哪怕为此付出代价，而不是为了占一次便宜而牺牲掉继续合作、长期获利的机会。

1. 口头上不要轻易承诺。

在博弈中，保持诚信的前提是，如果对某件事情没有把握，不要轻易做出承诺。如果必须做出承诺，就一定要谨慎，仔细思考自己能否做到。俗话说："一言既出，驷马难追。"对于已经承诺的事情就要尽最大的努力去兑现，让承诺变成现实。这样，双方在博弈中才可能获得足够的回旋余地，真正地达成最大限度的合作，而不至于一开始就将自己逼入死胡同。

2. 签了合同就认真履行

在竞合博弈中，为了建立合作关系，为自己争取最大的利益，也为了对合作者加以约束，维护各方的合法权益，一些博弈者会签订一些协议，如劳动合同、买卖合同等。但随着博弈的进行，形势发生变化，他们一旦发现合同于自己不利，就会单方面终止合同，这种行为其实就是一种没有诚信的表现，很容易破坏双方所建立起来的良好关系。所以，为了保证合作的履行，一旦签订了合同，我们就要不折不扣地去执行，以免毁坏自己的声誉。

3. 事后采取补救措施

所谓"人算不如天算"，有时候，我们本来已经承诺了他人或者已经签订了合同，但因为客观情况发生了变化，如天灾、政策调整、平台调整等，导致原来的承诺和合同可能没有办法继续履行。在这样的情况下，博弈者需要及时采取一些补救措施，在自己的能力范围内给对方一些补偿，争取对方的谅解，从而维护自己的信誉。

利用道德规范，维持均衡

村上春树在《烧仓房》里借小说人物之口说过这样一段话："我在这里，又在那里。我在东京，同时又在突尼斯。予以谴责的是我，加以宽恕的是我。打比方就是这样，就是有这么一种均衡。如果没有这种均衡，我想我们就会散架，彻底七零八落。正因为有它，我们的同时存在才成为可能。"这里所说的就是一种均衡，一种道德的均衡。道德规范的存在让很多原本对立的事物、观念、规范等并存，达成一种微妙的均衡。

一位动物学家曾经做过这样一个实验，他准备了一只很大的笼子，笼子的顶端安装了喷水装置，在笼子的另一端挂着一个桃子，还放了一架直达这个桃子的梯子。动物学家将四只猴子放进了笼子的另一端。一只猴子很快发现了笼子上方挂着的桃子，它马上跑到梯子下开始攀爬。它的爪子碰到梯子的一瞬间，动物学家就打开了喷水装置，这只猴子马上收回双臂遮住头，其他猴子也赶紧用双臂遮头。没有猴子触碰梯子之后，动物学家就关闭了喷水装置，笼子里不再有水喷出来。

不久之后，这只猴子又朝梯子走去，准备爬上去拿桃子。毫无例外的是，它的爪子刚碰上梯子，喷水装置就马上启动了。猴子飞快地爬上去，冒"雨"拿下了桃子。它知道了，只要碰到梯子，就会"下雨"。此后，它不再试图拿桃子。

过了一段时间，另一只猴子想吃桃子，它走到梯子处，把爪子放到梯子上往上爬。动物学家马上启动了喷水装置。这只猴子虽然吃到了桃子，可大家都因此而淋了水。就这样，只要有猴子去拿桃子，就会有水喷下来。虽然个别猴子吃到了桃子,可代价是没有吃桃子的大部分猴子都会被淋。渐渐地,猴子们达成共识,不再去拿桃子。

后来,动物学家将另外一群猴子也放进了笼子。新来的猴子刚开始也会去拿桃子,但一经发现,原来的猴子就会合作起来把拿桃子的猴子打一顿。久而久之,猴子们达成共识、实现合作,没有谁再去动那个桃子。

在这个故事里,道德就在这群猴子之间产生了。对于猴子们来说,拿桃子这件事是不道德的,会导致所有的猴子受到惩罚。为了自保,它们就会主动惩罚有不道德行为的猴子。渐渐地,猴子之间就会达成均衡。

这样的现象在人类生活中也很常见。比如,每一个孤立的人的力量都是有限的,尤其是当其面临困境或者危险的时候,自然是希望得到他人的帮助,而那些能及时施以援手的人就会得到感激和回报,那些见死不救的人则眼睁睁地看着遇险者在困境中苦苦挣扎甚至丧命,间接地威胁到他人的利益,因而为人所不喜。

久而久之,人们就会将见义勇为、乐于助人当作一种美德、一种道德,它会受到人们的赞扬,而见死不救则是一种不道德的行为,会受到人们的谴责。

见义勇为的道德规范存在的结果是维持了不同博弈者之间的均衡。猴子间的道德使猴子们不再尝试去拿桃子吃,从而避免了其他猴子再次因此而"淋雨"。人类社会见义勇为的道德规范使人们乐意对险境中的人施以援手,从而避免了受害者受到更大的伤害,也避免了更多的遇险者受害。

可见,正面的、良性的、符合大众利益的道德可以维持博弈正向的均衡,使博弈结果最大限度地符合博弈者的根本利益。

当然,我们不能保证所有的人都是有道德的人,都能够乐意为维护他人的利益而努力。这就需要我们采取一些措施,尽可能地促进道德规范的形成。

1. 奖励有道德的行为

要想让道德规范深入人心，使人们愿意遵守，就要及时对有道德的行为做出相应的奖励。比如，对于见义勇为者，给予荣誉称号及足够的物质奖励，必要的时候，还要帮助见义勇为者解决一些后顾之忧，帮助其家人解决实际的生活问题等。不仅如此，这种必要的奖励还要长期地、持续地进行下去，形成一种良性的奖励机制，让人有动力去做好事。

2. 惩罚不道德的行为

除了奖励有道德的行为，还要对不道德的行为进行严厉的惩罚。当今社会，遇事推卸责任、总是从他人身上找原因、找补偿的碰瓷式不道德行为并不少见。比如，有的人在受伤害以后，为了避免自己承担巨额的医疗费用，选择将责任推到救护自己的见义勇为的人身上。这种行为不仅伤了见义勇为者的心，也极大地伤害了那些有心帮助他人的善意的人，可以说，对所有的博弈者来说都是一个莫大的打击。对于这种行为，只有加大惩罚力度，减少或杜绝它的再次出现，才能够真正地保护那些愿意遵守道德的人。

3. 尊重他人的正当利益，切莫当"道德侠"

当我们践行道德规范时，要以尊重他人的正当利益为前提。比如，捐款是生活中一种很常见的善行。但每个人的情况都不同，我们不能强求每个人都捐款，甚至捐同样的数额，因为即使一分不捐也是他本人的权利。我们要时刻保持冷静的头脑，尊重他人的正当利益，切莫当"道德侠"，以道德之名行不道德之事。

第八章

进退博弈：狭路相逢，勇者未必获胜

别做"斗鸡"，鱼死网破不是唯一的途径

斗鸡博弈，原指懦夫博弈，来源于美国20世纪50年代的一部电影《无因的反叛》。影片中有这样一个情节：迪恩与同学打赌，约定大家一起将车向着悬崖开去，谁在车越过悬崖前最后一个从车里跳出来，谁就是最后的赢家。在这场博弈中，每个人都有三种选择：向前、退出、在安全范围内认输。双方对于前两种选择的策略组合有四个："前进，前进""前进，后退""后退，前进""后退，后退"。

在斗鸡博弈中，博弈双方的总收益是不会增加的，也就是说，收益总和为零。假设两人一直强硬地前进，两人都不会成为懦夫，都能赢，但所面临的风险最大，两人的收益组合为"-2，-2"。

倘若两人同时选择后退，两人都会输掉面子，只是获得了安全，因而，两人的收益组合就是"-1，-1"。

倘若一人前进，而一人后退，这样，前进者所面临的风险小于两人都前进，也不会做懦夫，其收益为1。如此一来，后退者的收益就为-1，相较于其他的策略，这一策略是最优策略，也即形成纳什均衡，两人的收益组合就为"-1，1""1，-1"。

我们可以很清楚地看到，要想取胜，就要有破釜沉舟、背水一战的决心，要义无反顾地前进；但狭路相逢，勇者未必获胜，其风险最大，收益最小，所谓的胜利的代价极有可能是鱼死网破。从理性人的利益最大化的角度来说，鱼死网破是最糟糕的一种结局。

除了破釜沉舟，博弈者还可以有其他的选择：退出比赛是最安全的，

不需要面临任何风险；认输虽然会承担一定的危险性，但也还是安全的。虽然选择这两种策略的人将会被视作懦夫，但从收益的角度来说，反倒是理智的选择。此后，人们将这种势均力敌、旗鼓相当的博弈者之间进行的博弈称为懦夫博弈，也称为斗鸡博弈。

正如两人相向过独木桥一样，如两人都执意向前，一定会有人掉进河里。所以，在斗鸡博弈中要扭转这种局面，就必然要有一方选择退让，这于双方而言都是有利可图的。

李维结婚的时候正值房价疯狂上涨期。他想方设法凑足了购房款，并选中了一套房子。他付了全部的购房款，与原房主签了购房协议，办理了过户手续，并约定月底交房。不料，半个月后，在移交过程中，原房主因为买下房子后曾做过装修，就提出让李维从经济上做一些补偿：按原物价照价支付。李维爽快地答应了。可临到交钥匙的时候，原房主又要加价，因为这半个月里房子又涨价了。

李维说："太过分了。他那些旧东西现在市场上半价就可以买到新的，我宁愿吃点儿亏成全他。自从他卖房，我交了我的购房款，也签了协议，我还让他多住了一个月，他现在又这样坐地起价！"

一气之下，李维撬锁砸门，进入房间，将原房主的物品全部扔了出去，并说："这是我的房子，请把你的东西统统搬出去！"原房主又气又急，却自知理屈，只好请求李维再宽限两天，好让自己找房子。李维虽然生气，却不愿将事情做绝，答应了请求。两天后，原房主找好房子搬了出去，并在离开前找人修好了锁。

在这个冲突中，如果有任何一方坚持鱼死网破地斗到底，其结果都是两败俱伤。好在大家都选择了退让。这也告诉我们，在斗鸡博弈中，鱼死网破并非唯一的结局，与其你死我活，不如退而求其次，寻找更符合双方利益的方案。

1. 分清利弊

博弈的最终目的是在不损害他人利益的前提下，实现自身利益最大化，博弈者的任何决策都应该建立在这个基础上。所以，当处于斗鸡博弈时，我们要根据自己的实力和当时的情况，理智地思考，分析利弊，清醒地判断哪种情况更符合自身利益，然后在此基础上理性地做出判断。

2. 给妥协者足够的补偿

斗鸡博弈的关键是采用妥协的方式赢得利益。但问题是，谁会主动成为那个退让的人？如果大家都从自己的角度出发，仅仅考虑怎样才能赢，既不愿意给对方弥补损失，又不愿意自己退让，两败俱伤的僵局就没有办法打破。所以，从利益的角度来说，一种有效的方式是事先达成协议，给妥协者一定的补偿，也就是以补偿换取妥协。只要这种补偿足以抵消其妥协、退让所造成的损失，自然会有博弈者愿意成为那个提前退出的"懦夫"。

以退为进，不失为一种智慧

巴里·奈尔伯夫说过："实力顶尖者通常都会被中等实力者的反复攻讦搞得狼狈不堪，败下阵来。倘若等到其他人彼此争斗的时候再亮相，形势反而对自己更有利。"我国古人也说过："留得青山在，不怕没柴烧。"这些话其实都说明了一个道理，当实力与对方不对等，或者在不利的形势下进行博弈时，以退为进也不失为一种智慧。

人们之所以参与博弈，其初衷绝不是为了追求两败俱伤、一无所有的结果。所以，博弈双方之间的关系也不是你死我活、你得我失的竞争关系。相较于两败俱伤这个结果，其他任何一种策略的结果都要好得多。因此，必要的时候，我们不妨做出一些妥协和让步，以退为进才能谋求更多。

20 世纪 80 年代以前，作为零售业巨头，沃尔玛与宝洁公司还没有建立起合作关系。随着业务的发展，沃尔玛与宝洁公司开始产生了合作的意向，但是，双方互有所图，谁也不肯让步，以至于双方僵持不下，始终不能合作。宝洁公司意识到这样下去对大家都不利，却没有更好的办法。后来，沃尔玛决定退一步，主动放低姿态，安排采购主管约见了宝洁公司的高层主管，围绕"改进工作，提供良好的服务和丰富优质的商品，提高消费者的满意度"这个主题进行了详谈。在沃尔玛的妥协与诚意下，双方终于达成了合作意向，签订了长期合同，宝洁公司告知了沃尔玛各类产品的成本，并提供给沃尔玛尽可能低的价格；沃尔玛也向宝洁说明了店里的销售情况和存货情况，并表示沃尔玛连锁店只要一发现宝洁公司的产品需要补货就会及时通知对方。到1987年，沃尔玛跻身为宝洁公司的主要零售商。

在沃尔玛的成功路上，以退为进的策略发挥了很大的作用。沃尔玛公司首先做出妥协，然后对方也做出了让步，两大行业巨头开始联手，双方关系进入强强合作时代。正是沃尔玛公司这种不怕吃亏的退让赢得了宝洁公司的配合，最终帮助沃尔玛在市场竞争中站稳了脚跟，并获得了强劲的凝聚力和竞争力，从而奠定了其在零售业独一无二的地位。

进，是众人所求；而退，则是为了更好的进。恰当地运用以退为进的策略，往往能够起到事半功倍的作用。与其把时间浪费在毫无益处的争强好胜上，不如大度一点，退让一步，让对方"束手就擒"。

1. 如果让步能够获得利益，不妨让人三分

人生非战场，所以，完全没必要事事都要争赢。在婚姻中，为爱的人让步，会让感情更融洽、婚姻更稳固；在人际交往中，为友情让步，会让关系更亲近、友情更温暖；在竞争中，为合作让步，会让彼此的合作关系走得更远……在适当的范围内让步，不仅不会伤害到自己的利益，反而有所裨益。那么，当让步能够获取利益，能够让彼此的关系更稳固，让人三分又如何？

2. 退让时，莫忘争取回报

退的根本目的是为了进，是为了用另一种方式把利益最大化，而非毫无原则的让步。所以，当你采取以退为进的策略时，要争取一些回报，否则，对方会以为自己的所得太少而得寸进尺。

3. 留下讨价还价的余地

在困境中，退让是为了等待"柳暗花明又一村"的转机。但需要注意的是，我们一定要为自己留下讨价还价的回旋余地。比如，在懦夫博弈中，车子离悬崖越近，危险性就越大，如果到了悬崖跟前才选择跳车，很可能就来不及逃生。所以，当你选择退让策略的时候，就要在车子离

悬崖还有一段安全距离的时候跳车。又如，在夫妻相处中，当矛盾一开始出现就退让，矛盾冲突会很快消失于无形，但如果等到彼此心灰意冷再让步，则根本于事无补。同样的道理，在谈判中，在人际交往乃至一切博弈中，退让前都要为自己留下可以还价的回旋余地。

放下，也是一种生存策略

博弈论专家舒比克曾经讨论过一个美元拍卖的模型。酒会上，在一个拍卖场景中，一位拍卖人拿出 1000 美元的钞票，请竞拍者为其开价，叫价阶梯为 50 美元，出价最高者只要付出他所开的价码给拍卖人，就可以获得钞票，而出价第二高者也要向拍卖人支付与其开价相等的费用。

这 1000 美元并不是什么具有特殊意义的错版钞票，仅仅是一些普通的、可随时用于流通的钞票。但是，人们怀着玩游戏的心理纷纷出价，使得出价不断攀升。当出价达到 500 美元的时候，有的竞拍者已经从中嗅到了危险的气息，并退出了叫价。

最后，全场只有 A 和 B 两人还在叫价。当 B 将出价抬高到"950 美元"的时候，大家理所当然地认为竞价会就此停止，因为继续下去就会超出 1000 美元本身的价值。可是，A 出人意料地喊出了"1050 美元"，令大家瞠目结舌。

此时，如果 B 就此停止，A 将获得 1000 美元，并付出 1050 美元的费用，合计损失 50 美元，而 B 将会损失 950 美元。B 为了能够稍微挽回一些损失，只得咬牙继续加价，开出了 1100 美元。当然，A 抱着同样的想法也将出价继续了下去。最终，两名参与者为了 1000 美元的钞票将身上所有的钱都花光了，而这些钞票最后都进了拍卖人的口袋。

在这场博弈中，博弈者最安全的策略是从一开始就不要参与，或者即使参与了也中途放弃，而那个一直坚持到最后却无法取胜的人，注定了是最大的输家。他们渴望取胜，渴望挽回损失，于是在诱饵面前一步步沦陷，不惜牺牲自己的利益去抬高价码，在让对方损失惨重的同时，也让自己陷入困境。

人生中，这种让人不由自主沦陷又损失惨重的陷阱经常会有。但是，如果凡事一定要争个输赢胜负，只会造成不必要的损失。为了避免落入这种陷阱，放下是大愚若智的策略，可以使自己在陷入绝境之前及时抽身，跳脱泥潭，避免遭受更大的损失。

1. 将自己的优质资源放在最有价值的事情上

在整个博弈过程中，博弈者将会面临各种各样的决策、取舍。但人的精力、资源是有限的，有时候过于追求完美、吊死在一棵树上根本于事无补，而一时的放弃反倒可以得到更多。正所谓放下是为了得到，倘若博弈者能够将自己的优势资源都放在最有价值的事情上，用最大的努力去追求最值得的目标，也就不会偏执地追求一些如同鸡肋一样的事物，我们的选择会更多，眼界也会更开阔。

2. 坚持自己的止损线

投资有止损线，经商有止损线，生活也有止损线。比如，你打算和竞争对手竞争一个项目的开发权，已经投入了 500 万元，竞标进行到一半，你发现该项目的风险很大，回报空间有限，想要放弃，但已经投入这么多又不甘心，想要继续下去，又担心白白浪费时间。这时，怎么办呢？你需要给自己一条止损线，比如，在分析自己的得失时，如果发现未来可能面临的风险还要增大，投入还要增加，就马上放弃，寻找其他机会。这样，即使最后没有拿下项目，你也不至于损失太多。这样做，你的损失可以很好地控制在一个有限的范围内，而不至于损失惨重。

3. 保持警觉

博弈中，我们要时刻保持警觉，时刻审视博弈的过程，仔细衡量自己的实力变化，认真分析坚持下去是否有利，倘若所得利益已经渐渐逼近损失的大小，就要及时退出，切不可因为面子、已投入的成本等舍不得放手。

患得患失，只会骑虎难下

在斗鸡博弈中，博弈双方都要随时、及时、慎重评估自身所面临的风险、对手选择某种策略的概率，缜密思考、兼顾周到，三思而后行，千万不要鲁莽决定。但过分的谨慎却有可能会让人患得患失、畏首畏尾，最终骑虎难下，将原本可以挽回的事情拖延到不可挽回的地步。

田文与女友相恋五年后，结婚一事被提上日程，但房子成为无法逾越的障碍。

田文在上海打拼六年，成为公司的部门经理，月薪提升为1.5万元，而且还有上涨的趋势，手里也有二三十万元的储蓄，但在高房价面前根本就是杯水车薪，而他出身于普通家庭，家里根本没有能力给予他经济上的支持。目前，他一直租房子住，每天坐2个小时车去上班，来回就要在路上耗费4个小时。如果结婚，他和家人也只能一直租房住。为此，女友提出，要么分手，要么回家乡去，他们可以在家乡买一套小房子，然后找一份足以养家糊口的工作。田文却犹豫不决。

田文想过改变现状，他曾经尝试过在家乡找一份工作，工资不高，每月只有四五千元，但足以还完房贷并维持正常的生活。不过，久在大城市工作，见惯了大城市的秩序和广阔平台，他觉得自己已经无法适应家乡的人情生活。更何况，已经出来这么久，让他回家乡去面对家乡亲朋探询的目光，他觉得实在是难堪得很。

可是，留在上海面对的又是看不到希望的未来。田文迷茫、困惑，不知道何去何从，更不知该如何说服女友。看着正在收拾行李的女友，他觉得自己的人生一下子失去了希望。

就这样，女友独自离开，他们的恋情也就此终结。田文每天浑浑噩噩地上班、下班，看什么都暗淡无比。渐渐地，他开始觉得自己浑身疼痛，每天打不起精神，医生检查后，诊断为压力过大导致的中度抑郁症。

在斗鸡博弈中，最忌讳的便是患得患失。田文原本有两个选择——回到家乡，买房、结婚生子、找工作，过平平淡淡、充满烟火气，但不乏轻松幸福的生活；或者留在上海，享受大城市的秩序感、广阔的平台，同时也面临巨大的压力，与女友分手，重新开始。对他来说，不管是哪种选择，都需要立刻决断，并毫不犹豫地走下去，哪怕因此而头破血流也丝毫不悔。然而，遗憾的是，他想要有所改变，又接受不了新的生活，想要维持现状，又找不到出路和希望。这种患得患失、前怕狼后怕虎的态度，只会雪上加霜，让他更加难以直面生活。

生活中，不是所有的环境都会随着我们的期待而改变。那么，当你无法改变大环境的时候，我们更要看淡利害得失，将眼前的地位、名声、利益之类的东西抛诸脑后，理智地做出判断，并快速地付出努力和行动，不因怕而徘徊，也不因拖而失去机会。

1. 立足现在，着眼未来

相较于眼前的得失，长远的利益更符合博弈者的根本利益。立足现在，可以让我们脚踏实地，不忘记自己的初心，不被虚无缥缈的诱饵诱惑。着眼未来，着眼于长远利益，我们能够始终牢记自己的最终目标，不偏不倚，始终保持正确的前进方向，让自己的博弈变得有意义。

2. 快速行动

不管是前进，还是后退，最恰当的机会往往都只在一瞬之间，错过了机会，博弈的结果常常会发生不可测的变化。所以，当我们做出决定，选好策略，就要义无反顾地走下去，切忌瞻前顾后、犹豫不决。

3. 专心做事，忽略结果

很多时候，我们之所以会患得患失，很重要的原因是过分地在意做某件事情的结果，而忘记了做好事情本身。有人说，人生的真正意义在于过程本身，在于享受生活中的每一个精彩瞬间，而不是结果如何。其实，博弈也是如此，专注于博弈的过程，尽可能选择恰当的策略，我们反而能够取得更好的结果。

4. 借鉴过去的经验教训，而不沉迷于过去

重复进行的斗鸡博弈中，我们难免要借鉴过去的经验教训，但过分地沉迷于过去，在进行决策的时候，反而有可能因为害怕出现不好的结果，而犹豫不决，迟迟不敢采取有效措施。所以，对于过去的经验教训，借鉴即可，而不必沉迷，方可助我们在博弈时选取适合自己的策略。

适时震慑，用气势压制对方

众所周知，在斗鸡博弈中，博弈者双方之间会出现两个均衡："前进，后退""后退，前进"，其收益组合分别为"1，−1""−1，1"。很明显，前进者既不会面临太大的风险，也能够取胜，不会因为后退而丢失面子。但问题是，在后退就要被嘲笑为胆小鬼的前提下，谁会前进，谁会后退？这时，我们可以适当地采用震慑策略，从气势上压制对方。

所谓"狭路相逢勇者胜"，能够让对方后退的，便是自己大无畏的勇气、义无反顾的决心。这种让人一看就可以感受到的勇猛，很容易给人传达一种信息：如果你一定要相抗到底，那我们便死磕吧。悬崖在即，与粉身碎骨相比，损失点面子算什么呢？这样，对方自然就会"识时务者为俊杰"。

一名青年下了夜班后走在回家路上，走到一片小树林旁边的时候，面前突然蹿出来一个蒙着面、穿着一身黑衣的男子。

昏黄的路灯下，男子背对灯光，拿着明晃晃的刀对着青年，低声呵斥道："不许叫，把钱拿出来。"

青年大惊之下，差点儿将手里的公文包掉在地上。但是，害怕是没有用的，更何况，他的包里只剩下不到一千元，那是他这一个月的所有生活费。他强迫自己镇定下来。听对方的声音，似乎是个非常年轻的男子。

青年直视着男子的眼睛，拉开自己的上衣，露出身上的大片文身，然后用尽力气，大吼一声，然后冷冷地说道："钱，你敢要吗？"

他清楚地看到黑衣男子浑身颤抖了一下，于是大起胆子抬脚慢慢朝男子走去，同时攥紧了公文包，那里有一本厚重的精装书，边缘尖锐。黑衣男子僵持了一下，然后转身跑了。

所谓"横的怕不要命的"便是如此。震慑策略，本质上就是虚张声势，不一定会真正地行动，正如吓退劫匪的青年未必真的会和青年硬碰硬，但他以表面上的勇猛和拼力一搏的决心给对方构成了一种有力的震慑，让对方意识到风险的存在——抢不到钱，还要被打伤。当这个风险达到让对方难以承受的地步，对方就不得不改变期望，最终依照你的意愿行事。事实上，这种方法在生活中的确可以帮助我们解决一些难题。

不过，需要注意的是，震慑策略是一种非常强硬的策略，其最终目的是吓退对方，如果遇到那种同样一心前进的对手，结果就会非常糟糕。所以，在博弈中使用该策略时，我们需要注意一些问题。

1. 在合理范围内操作

这种故意制造风险震慑对方的方式对于博弈双方来说，都是对忍耐力和风险承受能力的极大考验。如果对较低等级的冲突直接采用超出必要范围的震慑，反而会逼反对手，使其直接采取对抗策略，快速扩大冲突，立即将博弈双方带入两败俱伤的境地。所以，使用这种策略的时候，一定要在合理的范围内操作，将风险置于可控范围内。

2. 气势要摆足

在斗鸡博弈中，用气势压人的前提是气势一定要摆足。比如，在青年和劫匪的博弈中，如果青年仅仅轻飘飘地威胁对方"你敢抢劫我，我不会放过你"，这种威胁既没有外物可以佐证，也没有什么威胁性，不足以形成足够的压力，自然也就不会取得良好的效果，不可能让对手退却。事实上，震慑对方的时候，博弈者可以调动起自己的表情、语言、肢体动作等来强化自己的行为。此外，博弈者也可以拿出一些令人信服的证据，用事实来支持自己的观点，也能够发挥出意想不到的效果，比如，有些房屋中介在请客户签字的时候，会抛出一些房屋成交记录、最新政策等来加强说服力，这样，对方自然要慎重考虑一下。

3. 注意双方的实力对比，给自己留一点余地

不管采取哪种策略，博弈的目的都绝对不是共同毁灭。斗鸡博弈也不例外，博弈者之所以采取震慑策略，是为了逼退对手，因此，使用这种策略的时候，一定要注意双方的实力对比，给自己留一点余地，这样，即使双方博弈失败或者对方坚持鱼死网破，自己也不至于遭受太大的损失。一般来说，运用这种策略时，己方的实力应该与对方均等，甚至实力强于对方。不仅如此，己方还要具备有力的补救措施，比如，遭遇劫匪的青年即使没有吓退对方，也可以利用自己沉重的公文包给对方以袭击，以便在震慑失败时，仍然可以与对方抗衡，而不至于面临非常糟糕的局面。

第九章

社交博弈：人情练达，方为处世真学问

"脏脸博弈"，从共同认知中看清自我

所谓脏脸博弈，简单地说，就是恍然大悟的博弈。它是指一件事在一个群体中成为众所周知的，群体中的每一个个体都对此有完全统一的理解的博弈。脏脸博弈的概念来自这样一个情景假设：

一个空屋子里有三个脸脏的人——甲、乙、丙，房间里没有镜子，他们只能看到别人，不知道自己脸脏，且不能彼此对话。这时候，一个美女走进屋子，他们与美女搭讪，而美女却好心提醒他们："你们至少有一个人的脸是脏的。"

三个人听完之后，彼此面面相觑，却无动于衷，都以为美女是在说别人，因为在他们眼里别人都是脏脸。美女看到他们的表现，又补充了一句："你们不知道吗？"三人疑惑地再次看了看彼此，这才恍然大悟，原来自己的脸也是脏的，三人的脸都红了起来。

根据情景假设，当美女说"至少有一个人的脸是脏的"时，就意味着三人中必然有人脸脏，而且不止一个。当美女说"你们不知道吗"，就说明有人脸脏这件事情必然是大家都应该知道的事情。如果甲的脸是干净的，而另外两个人的脸是脏的，那么，乙和丙中的任何一个就只能看见一个脸脏的人，这与美女说的前一句话不符合，这就说明甲也脏脸。所以，甲、乙、丙三个人的脸都是脏的。意识到这一点，他们三人才会都脸红。

脏脸博弈就是一个无穷的"知道过程"，也是一个无穷的"由己及人，由人及己"的知己知彼的反复推理过程。在这个过程中，共同知识——

"大家都知道至少一人的脸是脏的"改变了博弈的整个形势，使每个人都知道了他人的推理规则，也都透彻认识了博弈的各个条件，最终意识到了自己的处境，认清了自己。可以说，如果没有共同知识的存在，三人就不能够正确地认识自己。

在现实生活中，最难的事情便是认清自我，而最重要的也是认清自我。在社交博弈中，我们也可以通过审视别人，反思自己，凭借对对方的分析，了解自己的优势，也通过自己的处境去推导对方处于同样条件下可能的选择，从而减少博弈成本，使自己立于不败之地。

1. 搜寻信息，加强沟通

脏脸博弈中，达到恍然大悟的结果的前提是存在着共同知识，不仅仅我知道、你知道，还要你知道我知道、我知道你知道我知道。在共同知识形成的过程中，交流、沟通非常重要。可以说，很多时候，人与人之间之所以有隔阂，人们之所以无法正确判断自我的位置、境地，通常是因为人们对某些共同知识的误解而造成的。如果所有的博弈参与者都能够了解整个事件，并且所有人都知道其他人也都知道，整个博弈情况就会发生很大的变化。比如，考研报名时，每个人都会根据往年的报考情况报名，但在这个过程中，每个人都不知道其他人会怎样选择。倘若每个人都会想到其他人也会想到"某个专业冷门，报的人少，竞争少"，而其他人也能够想到别人也会这样想，那么，考生们就会尽可能大范围地搜索信息，然后根据自己的实力去选择自己真正心仪又有把握的学校报名，而不是赌他人是否会选某个专业。所以，我们应该搜寻信息，加强沟通，尽可能地消除自己的信息盲区。

2. 经常反思自我，了解自我

脏脸博弈，说到底是一个不断反思的过程。只有乐于经常反思自我的人，才能真正了解自我。对于那些盲目自大、闭目塞听的人来说，因为不愿意打开心胸，始终在自己的世界里高高在上，自然不可能去反思自我。就像《皇帝的新装》里的皇帝，高高在上，自大愚蠢，即使听到小孩的真话，也只会捂住耳朵、闭上眼睛，继续装聋作哑，更谈不上反思自我。所以，在社交博弈中，我们应该做一个谦逊的人，愿意经常自我反思。

人际关系也有"纳什均衡"

在经济关系、职场关系、政治关系中，博弈者之间常常会出现纳什均衡，只要其他人不改变策略，博弈者就不会改变现状。同样，人际关系中也会出现这种稳定的策略选择组合。

乔乔和敏敏的相识要从大学时开始算起，两人曾经是无话不谈的好友，并早已经成为彼此生命中很重要的一部分。她们彼此都愿意为对方着想，哪怕只是一件极小的事情。只是后来因为两人的工作在不同的城市，这导致平时难得见上一面。这一天，两人借着出差的机会终于在第三个城市聚在了一起，两人决定像大学时那样去看一场电影。

当时影院同时在上映两部电影，一场是乔乔喜欢的喜剧片，一场是敏敏喜欢的爱情片。这样，一场博弈在两人中展开，她们会怎样选择呢？

我们假设两人最后一起去看喜剧片，那么，乔乔的收益就是2，而敏敏的收益是1。如果两人最后一起去看爱情片，那么乔乔的收益会是1，而敏敏的收益就是2。当然，两人也可以有其他的组合，如乔乔去看喜剧片，而敏敏去看爱情片，两人都看到了自己想看的电影，但是，她们长时间未见，好不容易有了这次机会，自然不愿意分开，所以，两人的收益仍然为0。如果乔乔去看爱情片，敏敏去看喜剧片，每个人都看了自己不喜欢的电影，而且不能守在一起，两人的收益就都是负数——-2。由此，我们可以得到四组收益组合："2，1""1，2""0，0""-2，-2"。

很明显，在这场博弈中，当两人选择去看同一部电影时，整体收益对两人来说都是最大的，不仅如此，看了自己喜欢的电影的人的利益得到了最大化，而没有看到自己喜欢的电影的人也因为可以和好友在一起而不愿意改变现状。换言之，当给定其中一人策略的前提下，另一个人选择同样的策略就是对对方策略的最优反应。这样，对于两人来说，这场博弈在两人选择看同一场电影的时候达到纳什均衡状态。

最巧妙的是，让两人的博弈达到纳什均衡状态的策略，也是最符合两人利益的策略，可以说是正向的纳什均衡。

不过，并不是所有的人际关系都可以达成正向的纳什均衡。实际上，在生活中，负向的纳什均衡并不少见。

在村村通公路的工程中，某村计划要修一条公路。这条水泥路从村子的东头通到西头，一直延伸到十几公里外的城镇，修成以后，村民们可以很方便地将村里出产的农产品运到城里去，同时从城里运来村民们需要的物品，再也不用像以前那样不下雨时尘土飞扬、下雨了就只能靠双脚蹚水而过。所以，大部分村民对此都很支持，但一部分村民以不利于自家排水为由坚决反对，扬言只要敢修，他们就敢砸路。最后，村里经商量后决定跳过这几家村民家门前的路段，只修其他的部分。于是，大家走在村中的道路上时，常常轻松地通过修好的路面，小心翼翼地通过未修的路面，虽然心有不满，但也没有办法。

对于村民来说，双方博弈的结果——修其他的路段而不修持反对意见村民家门前的路段，事实上也是一种纳什均衡。对于每个人来说，其策略都是相较于其他博弈者的最优选择，只要外界环境不变，每个人都没有改变现状的动力。但对于修路这件事本身来说，这个结果其实是一个较差的结果。对于支持修路的村民来说，路未完全修通，仍然会对自己的生活产生一定的不便；对于不支持修路的居民来说，这种策略不会危及排水，但不利于出行。倘若双方都能够从大局出发，都能够为对方着想，事情便会以更为圆满的方式解决——稍微绕一下路或者修建下水道等。

正向的纳什均衡符合每一个人的利益，负向的纳什均衡则是以损害部分人或者所有人的利益为基础的。对于身处社交博弈中的我们来说，应该努力追求并促成正向的纳什均衡，极力避免负向的纳什均衡，使人际关系向良性的方向持续发展。

1. 为他人着想

就像乔乔和敏敏，她们的友谊之树之所以能够长青不败，很重要的原因就是她们都愿意为对方着想，哪怕因此而委屈自己。而阻挠修路的村民之所以做出那样的选择，是因为他们仅仅考虑自身，而不愿意从他人的角度去考虑问题。因此，在人际关系中，要想使博弈形成正向的纳什均衡，博弈者就要有为他人着想的意识，关注自己，坚持自己的立场，也要能够关心他人，照顾到对方的利益，真正实现博弈的双赢。

2. 学会欣赏他人

欣赏与被欣赏是一种互动的手段，肯定了别人，也是肯定了自己。要知道，每个人都有自己的闪光点，再高傲、再冷静的人也会在听到他人的肯定时内心愉悦，而那些愿意欣赏他人的人，也更容易获得他人的认可和理解。所以，在人际关系中，善于欣赏他人、肯定他人，是一种建立良性的人际关系的好办法。

3. 选择软弱策略

很多时候，在博弈中，一味地选择强硬的策略反倒不利于良好的人际关系的形成。就像夫妻之间谁做家务这个问题，如果夫妻两人都认为应该别人去做，而自己应该坐享其成，那么，最后家里只会一团糟，夫妻感情也会受到很大的影响。相反，在这场博弈中，如果每个人都退一步，认为应该一起承担，体谅彼此、关心彼此，事情就会发生改变，夫妻其乐融融，家庭生活一团和气，每个人都能够受益。所以，当博弈双方的关系不仅仅是利益关系，还有感情交流时，那么，与其一味用强，不如恰当地选择软弱策略。

换位思考，拉近人与人之间的距离

在社交博弈中，每个人都是独立的个体，有自己的想法、自己的偏好、自己的利益诉求，彼此之间相互联系、相互影响，不仅在你来我往中获得了实实在在的利益，还可以通过它建立或亲或疏的关系，获得情感上的满足。如果仅仅从自己的角度出发，而对其他人的想法、偏好、利益诉求毫不在意，即便是博弈中的最佳策略，也很可能无法落到实处。

那么，当我们都能够换位思考，人与人之间多一点理解、多一点尊重，能够站在他人的立场上去考虑问题，事情会怎样呢？

小王和小陈是在旅游途中相识的驴友。这次，两人相约自驾游，小王负责找车、规划路线、准备一些必备品，小陈负责开车。两人筹备妥当后，便上路了。这次自驾游的地点较远，要开六七个小时的车。路上，小王在小陈开车的时候在旁边说个不停，大到工作中遇到了什么事情，小到旅行中遇到了什么好玩的事情，一直说了几个小时。

刚开始，小陈还挺有兴趣，随着开车时间的延长，他又累又烦躁，便不再接话，只是默默不语地开车。如果换作别人，他早就不耐烦了。但是，面对小王，为了不伤害两人的关系和对方的面子，他又不能直接表现出来，于是只好在小王的喋喋不休中勉强集中精神，观察前方的道路情况。到了最后，小王的声音听在小陈耳中简直成了催眠曲，让他昏昏欲睡。

到了目的地后，小王去买票。小陈走到他的身边，开始啰唆起来："你看清楚票，别算错钱了，给我，我给你拿着，别弄丢了。对了，你看过注意事项吗?"

小王脱口而出:"我都出来玩这么多次了,这些事情我还能不知道,不用你唠唠叨叨。"

小陈淡淡地说:"哦,原来我说个不停的时候,你也会嫌烦啊。那我开车的时候,你说个不停,我会是什么感觉?"

小王一听就明白了,等小陈再开车的时候,小王便收敛了许多,不再多话。当他想要说什么的时候,也会主动问:"我会不会打扰你?"后来,变得默契的两人旅行非常愉快,还约定下次有机会再一起旅行。

有句话说得好:"你要想钓到鱼,就要像鱼那样思考"。在这里,小陈明明对小王的唠叨不休感到厌烦,但他顾及对方的面子,没有直接开口拒绝,而是采用了换位思考的招数,利用对方买票的时机对对方唠唠叨叨,然后在对方不满的时候说出自己的真实目的:"我会是什么感觉呢?"这样,对方意识到了自己的问题,也不会损及面子和双方的关系。事实证明,换位思考、善于反思、站在他人的角度分析问题,可以帮助我们迅速看清局势、找到最佳策略,很好地消弭人与人之间的矛盾冲突,改善人与人之间的关系,最终使人际关系更加和谐。所以,在人际交往中,我们不妨多一点同理心,学会易地而处,多站在别人的角度上思考,才能在博弈中达到双赢。

1. 真诚以对

生活告诉我们,那些满口甜言蜜语、实则满腹算计和防备的人根本就无法得到他人的认可和信任,自然也就无法建立起高效的人际关系网,八面玲珑终将被人识破。而那些拥有良好人际关系的人也往往能够对他人真诚,既能保护自己,又敢于信赖他人,坦诚以对;既有底线,也擅长将自己的诚意传达出来。所以,想要拉近与他人的距离,请先拿出你的诚意来,这也是能在博弈中获得双赢的基础。

2. 理解对方

再强悍的人，也有为难的时候、需要他人理解和爱的时候，倘若这种心理需求能够得到满足，再为难的事情也不会觉得为难，反之，就会对周围的人产生怀疑、不满，严重的甚至导致关系破裂。在社交博弈中也是如此，那些能够考虑到这一点，对博弈对手表达自己的理解的博弈者也往往更容易建立起高效的社交圈子。所以，聪明的博弈者不仅仅要在心里理解对方，还要在行动上表现出对对方的理解和体谅，自然而然地表现出自己的关爱，消除沟通上的隔阂，使双方之间的博弈能够顺利进行。

3. 寻找共通点，与对方达成共识

很多时候，人际交往之所以无法进行下去，就是因为彼此之间想法不同、观念不同，甚至双方格格不入，完全没有共通点，根本无法正常交流。事实上，想要与人合作、实现共赢，就要找到共赢点——共同利益。同样，在社交博弈中，要想拉近人与人之间的距离，就要知道对方想要什么，对方的偏好是什么，在某种程度上与对方达成共识，然后针对对方的合理想法、情感需求、物质需求尽量地满足。

4. 记得征询对方的意见

良性的社交博弈一定是有尊重、有理解，有说有听，既接受他人的影响，也擅长征询对方的意见。毕竟很多时候，我们无法确切地知道他人想什么、希望什么，所以，在博弈中，博弈者要能够明确而及时地征询博弈对手的意见，这既是表达对对方的尊重，也可以帮助博弈者及时了解对方的想法，从而投其所好，找到更能够让对方进行合作的策略。

原则性太强，往往会没人缘

俗话说："无规矩不成方圆。"在博弈中，总是有各种各样的条条框框规范和限制着每个博弈者的决策。社交博弈也不例外，身处其中的博弈者应该遵守原则，不要随便放弃自己的底线，但凡事物极必反，过刚易折，原则性太强的人，人缘往往不会太好。

在朋友圈里，阿明是个特殊的存在，他不抽烟、不喝酒、不跳舞，一下班就回家，没有任何不良嗜好。他基本不宴请他人，也不接受他人的宴请，因为他觉得酒桌无好友，真正的至交应该是君子之交淡如水。不仅如此，他也很少向他人求助，遇到事情总是自己埋头解决，从不给他人添麻烦。

有一次，刚进公司的同事小 A 从外地出差回来，给大家带了一些小礼物，都是当地见不到的新鲜玩意儿。同事们都很高兴，开心地收下礼物，并向小 A 道谢。其实，平时同事们出差也会带一些礼物回来分给大家，而阿明从不参与这种事。不过，小 A 不了解阿明，同样准备了一份礼物，当着办公室同事的面送给阿明。结果，阿明坚决不收，还严肃地说："无功不受禄，我也没有帮你什么忙，不好收。更何况，公司也有规定，不能收礼，大家都是同事，即使帮忙，那也是应该的，你这样就太客气了。"几句话说完，不但小 A 很尴尬，就连周围的同事也是满脸尴尬，又不好说什么，只讪讪地埋头做自己的事了。

久而久之，大家都说他是个原则性很强的人，但每当有什么聚会、活动、需要帮忙的事情也都不找阿明了，仅有的三五好友也与他并无太多的联系。

在人与人的博弈中，坚持原则是好事，但阿明的问题就在于原则性太强，以至于将这份原则性延伸到了方方面面，什么事情都要按照规矩来处理，就连一些原本可灵活处理、让大家皆大欢喜的事情也要分出个子丑寅卯。正如棱角尖锐的石头一样，被移动的时候不是碰疼他人，便是在滚滚泥沙中被磨掉棱角。同样，阿明如此为人处世，也会让人觉得不通人情，而不愿与之深交。其实，如果他能够稍微圆滑一点，该给人情的时候给人情，该讲原则的时候也不那么咄咄逼人，在与身边人的博弈中也就不会落于那么被动的局面。

所以，人不能毫无原则，有些事情必须坚持自己的底线，但也要会灵活处理，注意一定的技巧，甚至必要的时候还要学会为我所用，利用既定的规则成就自己的事情，这样，才能在社交博弈中建立良好的人际关系。

1. 大事讲原则

对于博弈者来说，灵活处理事情的前提是大事不妥协，该坚持原则的时候绝不妥协，否则，短期内可能迎合了他人，但长远来看，只会将自己拉入更加难堪的境地。比如，违法的事情、危害他人或集体利益的事情、以牺牲自己的利益为代价的事情，等等，就要坚决拒绝他人的要求。

2. 小事讲人情

大事讲原则，小事就要讲人情。生活中无伤大雅的小事，比如，阿明的同事给大家带一些不甚贵重的小礼物等这样的事情，既不会威胁自己和他人的利益，又不会违背法律和道德，完全可以接受并道谢，然后在恰当的时机给予对方相应的回报，这种策略相比于阿明那样上纲上线的策略更能够得人心。

3. 说话时照顾他人的感受

在社交博弈中，讲原则并不意味着要得罪他人，闹得不欢而散。实际上，即使是照章办事，也可以换一种缓和的、让人容易接受的方式去处理。比如，找借口式处理——"真是没办法，公司不允许，这样做，我会很为难的"；模糊处理——"我试试吧，不过不一定行，我和他关系也是一般般，未必能使上力"；恭维式处理——"像您这样人脉广的人都没有办法，我肯定也不行"。总之，一句话，在不违背大原则的情况下，灵活变通易办事，兼顾人情得朋友。我们完全可以用一种更成熟、更富有人情味的方式审视和处理生活中遇到的问题。这样，即使拒绝也是充满了温情的，更容易让人接受，最终帮助我们在社交博弈中建立起良性的人际关系。

不妨藏起精明，学着扮演一个笨拙的人

虽然博弈论教给人们的是审时度势，正确判断和预测对方的策略和收益，更聪明地解决问题，最终找出最优策略，实现个人收益最大化。不过在博弈中，因为博弈的条件是有限的，虽然每个人都理性地选择最优策略，而放弃对自己不利的策略，但用来竞争的利益总量是确定的，并不会因为策略的改变而有所增加，而每个个体都会有自私心理，会理性地做出选择，不信任彼此，更不会合作，最终形成非理性的集体，从而出现个体最优策略未必是整体最优策略的现状。在这样的情况下，博弈者过于考虑自己的私利，过分聪明就变成了精明，不但于事无补，反而弄巧成拙。

刚刚认识玛丽的时候，莉莉不明白为什么朋友都告诉她说，对于玛丽，当作点头之交就好，不可深交。因为在莉莉看来，玛丽为人聪明伶俐，爱说爱笑，和谁都能合得来。这样的人为什么不可深交呢？直到莉莉亲自经历一件事后，她才意识到大家说的是真的。

有一次，莉莉和玛丽一起逛街的时候看中了一套礼服，那套礼服一看就是做工精良、款式新颖，给人一种赏心悦目的感觉。两人身材相近，穿上都非常合适，就像是为她们量身定制的一样。两人想各买一套，但是一问老板，发现礼服只有一套。莉莉心里有些遗憾，看玛丽想要就打算不要了。这时玛丽大方地说："没事，你买吧，我回头再去别的店铺看看好了。"莉莉有些感动，也说再看看。不过，后来两人都没有再找到同款的礼服。一个小时后，玛丽说累了，要回家，于是两人便分开了。

一周后，莉莉再次见到玛丽时，发现玛丽身上穿着那套礼服，而玛丽的说法是男朋友给买的，让莉莉羡慕不已。

过了一阵子，莉莉再次逛街经过那家店的时候，店老板看到她，很热情地说："欢迎光临，我们这里的衣服性价比都是很高的，上次跟您来的那个朋友第一次看完走了，后来没一会儿就来买走了。"莉莉顿时就明白了。

一个月后，她和朋友聊天的时候说起这件事，朋友告诉她，玛丽曾经在朋友面前说过："那个莉莉，市场上那么多衣服，非要和我抢同一款，还好后来男朋友买给我了。"莉莉知道，这种事情虽然无关紧要，甚至不值得一提，却让人心里不快。后来，莉莉便和玛丽渐渐疏远了。

过分精明的博弈者喜欢玩弄人心，总以为一切都在掌控中，以为依靠自己的聪明可以得到更多。但是，其他的博弈者不是傻子，也有自己的判断，也会进行观察和思考，所谓"聪明"地算计别人就是在算计自己，处处提防他人的同时也被他人提防，不仅失去了博弈的乐趣，也离散人心，将他人从自己的身边越推越远。所以，与其聪明到过头，总想压制他人，将精力都用在算计上，不如放开心胸，做一个表面愚笨糊涂、内心通透明白、大智若愚的博弈者。

1. 小事上吃点亏也无妨

人的精力是有限的，用在无关紧要、无助于人生目标的实现、不能提高生活质量的事情上的精力多了，可以用在重要事情上的精力就少了。而那些小事糊涂、不怕吃亏的人看上去不争不抢，甚至不声不响，却已经赢得好感，占尽人心。所以，大事需要清楚明白，而小事，吃点亏也无妨。

2. 尊重每一个博弈对手

生活中不乏这样的人，对有利于自己的人热情有加，而对暂时没有帮助的人则是另一副面孔。世界上没有不透风的墙，这种厚此薄彼的待人态度，看上去减少了人情投入，实则失去了他人的尊重。其实，"250定律"告诉我们，通过有限的几个人，我们可以认识无数的人，也可以被无数人所认识。那些看上去无关紧要的人不知道什么时候就会成为生命中的贵人或事业上的阻力。所以，社交博弈中，我们要学会尊重每一个博弈对手，恰到好处、自然而然地对其传达自己的关心和善意。

3. 踏踏实实地盯紧自己的目标

正如狼群追赶猎物，东张西望，总想得到每一个猎物，最后只会一无所获。同样，社交博弈中，算计来算计去，总想占尽每一份便宜，最后只会失去自己原本的优势。所以，与其眼高于顶、斤斤计较自己的得失利弊，一味追求使自己的利益最大化，结果反倒可能是双输，还不如踏踏实实盯紧自己的目标，全力以赴，心无旁骛地为提升自己、实现自我价值而努力。

第十章

婚恋博弈：唯有势均力敌，才能天长地久

两性博弈，一场没有硝烟的战争

两性博弈，说白了就是男人和女人的博弈。男人总想找到自己的白雪公主，女人也总想找到自己的白马王子；男人总想成为顶天立地的英雄，可以护佑自己的爱人，掌控两人世界的主导权，成为无所不能的上帝；女人总想化身绕指柔，以柔克刚，控制男人的力量，从而通过男人征服整个世界。双方运用各种方法，只为了成为爱情、婚姻博弈中的赢家，获取最大的收益。这场无时不在进行的博弈，宛如一场没有硝烟的战争，精彩纷呈，却也纷争不断。

在这段关系中，如果双方都不变心的话，对双方来说是最好的结局，大家和和美美，白头偕老；如果大家都变了心，双方你走你的阳关道，我过我的独木桥，从此互不干扰，各自寻找各自的幸福，那么，这样的结果对大家来说都不是什么坏事情。但问题是，如果只是其中一方变了心，而且找到了更爱的伴侣，而另一方还忠贞不贰地守护着自己的幸福，那么变心的一方无疑是幸福的，因为他找到了更好的归宿，而另一方很可能是不幸的，对方的幸福和自己的不幸福对其而言都是一种压力。博弈的结果如下：

	女孩不变心	女孩变心
男孩不变心	两情相悦，收获美好的爱情	男孩痛苦，爱情没有结果
男孩变心	女孩痛苦，爱情没有结果	两人无缘，从此各走天涯路

于是，若一方变心，我们看看双方可供选择的策略。

变心的一方：（1）选择新的恋人，离开原来的伴侣。（2）放弃新的恋人，大大方方地离开原来的伴侣。（3）忍痛拒绝新的恋人，留下来陪原来的伴侣。

未变心的一方：（1）不断地想办法留住伴侣，结果没留下，怪罪伴侣的放纵。（2）大大方方地和伴侣分开。（3）找到留下伴侣的办法。

可以看到，如果双方都选择了（2），那么可以说是双方最好的选择，虽然，未变心的一方可能会更痛苦一些。但随着时间的流逝，双方偶尔还可以联系一下，甚至还可以成为普通的朋友。

假如是别的选择，其结果往往比双方选择（2）的情况要更坏，比如未变的一方选择（1）或（3），虽然不会出事情，但很可能自己要沉沦很久。而变心的一方，选择（1）或（3）最后的结果也可能是对其中一方的深深伤害，而且这个新的人也不一定是适合自己的人。

总之，两性博弈，就如同战场的对垒者，双方都要沉着和谨慎，小心翼翼地下好每一颗棋子，走好每一步，尽量不给自己后悔的机会。

1. 充分了解对手

正所谓"知己知彼，百战不殆"。两性博弈也同样如此，每一个参与其中的博弈者不仅要知道自己要什么，还要充分了解自己的博弈对手。再婉约的女子也有对原则坚持到底的一面，再强悍的男子也有脆弱的时候。了解对方，博弈者便可以迅速把握事情的重点，直戳对方的内心，占据博弈优势，掌握博弈的主动权。

2. 把握时机

战争讲究"天时，地利，人和"，时机是影响战争结局的重要因素。两性博弈也是如此，就像妻子想要说服丈夫到娘家过年，让丈夫放弃回自己家过年，那么在归家日期前猛然提出此事基本上很难奏效。但如果妻子改变策略，选择在恋爱时，或者两人感情融洽的时候就开始潜移默化地灌输理念，让对方从一开始就接受婚后会回娘家过年这样一种选择，这时，因为双方感情融洽甜蜜，男人并不会对此过于排斥，天长日久就会渐渐接受。同时，这样也可以让男人明白妻子的原则，等日后提出要求的时候，成功的可能性就大得多了。所以，两性博弈中，采取某种策略时一定要选择恰当的时机。

3. 要享受二人世界，但不要孤军奋战

在博弈中，我们一直强调要独立自主地决断，而不要受他人影响，听任他人摆布。但在两性博弈中，我们不仅要自主决断，还要学会借助他人的力量；既要享受二人世界，也要学会拉外援。要知道，人是社会动物，没有人可以孤立地生活在这个世界上，更何况，和一个人结合，就是和他的整个社会圈子的碰撞和融合，而博弈本身也并非处在真空的环境里，不可能完全不受周围环境的影响。所以，在两性博弈中，博弈者也要重视周围的环境对博弈双方的影响，不能仅仅关起门来过自己的小日子，还要和亲朋搞好关系，这样，在关键的时候，他们也有可能成为自己强有力的后援。

4. 选择最优策略

每对夫妻或恋人都会有自己的相处方式，即使这种方式在外人看来不那么和谐，但对于当事人而言，却是让其最感到舒服的方式，也即最优策略。当你发现两人的关系出现问题，博弈开始走向不利的局面时，你就要反思一下，自己是否在所有的方法中找到了那个最优策略。

5. 保留自己的底线

恋爱、结婚的目的是使自己获得幸福，而不是迎合谁，所以，无论什么时候，博弈者都要保留自己的底线，同时让博弈对手明确地知道自己的底线，如保留私人空间、尊重人格独立等。这样，在两性博弈中，才不至于因为对方频繁踏踏雷区而威胁关系的稳定，甚至导致博弈的失败和破裂。

麦穗理论：适合自己的才是最好的

在爱情博弈中，很多博弈者都希望能够宁缺毋滥，一定要找到最好的，但左挑右选，总觉得哪个都不够完美，始终找不到适合自己的。有的人仅仅见面、相亲一次就认为自己找到了终身的幸福。但麦穗理论告诉我们，世间爱情千千万万，而人也各有各的优势和不足，你觉得平平淡淡、踏实真诚就好，他觉得轰轰烈烈、倾心相付、细腻体贴才是真爱，只要合适就好，不必有太大压力，更不必比较。

希腊哲学家苏格拉底的三个徒弟向苏格拉底请教怎样才能找到一个理想的爱人。苏格拉底没有直接给出答案，而是对三个徒弟说："我让你们去做一件事，做完这件事，你们就明白了。这件事是你们三个人分别在麦垄里走一趟，要一直从这头走到那头，不准后退，而且必须坚持走完全程。同时你们每一个人都要摘一根自己认为是最好最大的麦穗，记住，只能摘一根，彼此之间不能交换。"

第一个徒弟先走了过去，立马就看到一根又大又好的麦穗，便把这根麦穗摘下来拿在手里。但当他继续走的时候，他突然发现前面还有很多麦穗比自己手中的还要大、还要好，但为时已晚，他既不能换，也不能回头，只好硬着头皮遗憾地走完了全程。

第二个徒弟吸取了第一个徒弟的教训，他走的时候东看看西看看，觉得最好的一定在后面。一路上，他边走边看，认真挑选，结果不知不觉就走到了尽头。这时，他已经没有选择了，只好顺手在身边的麦穗中找了一根看上去勉强可以的结束了全程。

第三个徒弟吸取前两个徒弟的经验和教训,他先走了一小段路观察了一下麦穗,进而将麦穗分成上、中、下三等,最后,他从上等麦穗的那一类里找了一根最好最大的麦穗。虽然它不一定是整块地里最好最大的一根,但在他看来,它已经是他所能选择的最好最大的一根,于是,他拿着这根麦穗满意地走完了全程。

第一个徒弟贸然选择,自然没有让自己满意,这种行为和我们今天经常见到的闪婚、闪恋有异曲同工之处,很容易在现实的平淡考验中退去当初的激情。

第二个徒弟过分挑剔,一直不停地比较,但一味执着更大更好的,最后没得选了,只能勉强做出选择。生活中,这样的人常常相亲几十次甚至上百次,挑到最后花了眼,根本不知道什么样的合适,以至于只能将就,给自己的幸福生活埋下了地雷。

第三个徒弟的麦穗是最大的吗?不是,那只是他认为自己能选择的最大最好的,事实上,那也是让他最满意的选择。这类人心里明白什么样的才是好的、什么样的选择才是他满意的,明白自己有什么、对方有什么,知道自己于一段感情中可以得到什么、付出什么,而这正是他获得快乐的原因。

正如麦穗理论表明的那样,在博弈中,策略选择的核心并不在于结果是否能够最大化,而在于选择过程的最优化,找到好的策略有很大的可能性有好的结果,所以,在爱情里从来都没有最好,只有更好或者更合适。博弈者不应该等得太久、千挑万选,以至于等到约会了一百次也没有找到最好的那个,而是要在众多的博弈对手中找到那个最适合自己的,最有可能与之和谐相处、实现合作共赢的博弈对手。

1. 考察现有的可选对象

当有几个可选对象的时候,你可以先考察,分别列出其优势和不足,思考优势是否能够和自己契合或者互补,不足又是否能够为自己接受。

如果只有一个可选对象，请不要急于做决定，你应该多听听其他人的意见，然后结合双方的特点，做出理性的判断。

2. 找到最基本的满意标准

在多个可选对象中，你要找到最基本的满意标准，比如不酗酒、不抽烟、感情生活稳定、双方有共同话题等。接下来，按照《指导生活的算法》的作者布莱恩·克里斯汀和汤姆·格里菲斯的说法，你可以将用来寻找博弈对手——爱人的时间分为两段，比如，你今年 24 岁，打算在 30 岁前结婚，你完全可以将这中间的六年的时间用来寻找理想的爱人。那么，前两年，你可以用来和异性交往，建立异性交际圈子，后四年就可以确定这个标准，只要你发现有异性好于这个标准，就可以果断下手。

3. 不后悔、不比较

如果已经选定对象，也就是选定了爱人。那么，从此刻起，不后悔、不比较，真心实意地接纳和爱，不要与任何人比较，也不要随便被他人的意见所左右。即使日后真的因为某些原则性问题相处不下去，你也要明白，这是理性选择的结果，后悔无用，你只能忘掉过去，重新开始，从众多其他的选择中选择最优策略。

非零和博弈：夫妻之间，没有隔夜仇

俗话说"夫妻床头打架床尾和"，意思就是夫妻之间没有隔夜仇，不睚眦必报、不翻旧账，感情才能和美。其实，从博弈的角度来说，夫妻之间的关系实则是一种非零和博弈。

自从有了孩子以后，乔伊娜和丈夫之间的冲突就没有间断过。这天，两人又一次拌嘴，起因是乔伊娜认为应该给孩子洗澡了，但丈夫认为孩子刚刚吃过奶，这时洗澡不好，坚持要等一会儿。两人各持己见，谁也不肯让步，争吵越来越激烈。乔伊娜想起之前的种种，越来越委屈，忍不住指责道："你总是这样，每次都说要等等，上周你也说等等，结果你给孩子洗了吗，最后不还是我洗？"说到最后，乔伊娜哭了起来，丈夫又气愤又无奈，摔门而去。此后，两人冷战了好几天。乔伊娜独自在家带着孩子，身心疲惫。

然而，冷战了问题就解决了吗？很明显，没有，乔伊娜和丈夫之间的问题仍然实实在在地摆在那里。那么，问题到底出在哪里？我们用博弈论的方法来分析。

从策略选择的角度来说，夫妻之间不外乎几种选择：冷战、决裂、求和、彻底解决问题。

冷战看上去平息了争端，实际上，它的杀伤力比吵架更强大，只会让感情变得更糟糕，以至于最后决裂，其结果为"负和"。

求和，则让夫妻关系走向缓和。很多时候，夫妻之间并没有根本性的矛盾，争吵的起因常常是些鸡毛蒜皮的小事。争吵过后，妻子期待得到丈夫的温言哄劝，而丈夫也希望得到一个台阶。任何一方的及时求和，都能够让双方的关系重回良性轨道，其结果为"正和"。

彻底解决问题可以彻底消除双方之间的矛盾和冲突，营造良好的夫妻关系，其结果为"正和"。

显而易见，夫妻争吵后，要么感情升温，要么更糟。有人说，夫妻从此不争不吵、平平淡淡、互不干涉，关系不是变好了吗？其实，人们走入婚恋，展开长期持续的婚姻博弈，其目的就是获得一个温馨的家，一段幸福的感情。如果夫妻关系变得淡如水，于双方而言其实都是一种折磨，各自都谈不上收益，其实仍然是一种"负和"的结果。

所以，在婚姻这场博弈里，是非对错很多时候并不是那么重要，重要的是爱或不爱。聪明的博弈者会在该坚持原则的时候坚持原则，但该放下身段的时候也绝不含糊，他们会积极寻找对策，在最短的时间里，以最有效的方式解决问题，挽回夫妻感情，推动博弈双方的关系向良性的方向发展，以合作博弈代替采取对抗、冷战、不合作策略的非合作博弈，最终收获一个幸福的家。

1. 以爱为基础

家是讲爱的地方，不是讲理的地方，婚姻也是追求合作共赢的博弈，而非以对抗、不合作为目的。当博弈双方都能够以爱为出发点去思考问题、处理问题，引导博弈对手采取对大家都有好处的策略代替冷战、僵持，很多矛盾就不再是矛盾，可以很快地消弭于无形。就像夫妻看电视，虽然两人爱看的节目可能不同，但和谐的夫妻则会选择交替地陪对方看对方爱看的节目，或者约定好什么时候看什么节目。

2. 总要有人主动让步

人非圣贤，孰能无过，倘若博弈双方处理问题的时候都能够抱着善意，从对手的角度去考虑问题，在冲突出现端倪的时候就主动让步，达成协议，取长补短，在相互谅解中达到双赢，便可将负和博弈转化为正和博弈。

3. 不要期待完全的公平

婚姻博弈中没有完全的公平，倘若过多地计较谁做多少家务、谁赚多少钱、谁照顾孩子之类的问题，严格计算个体的得失利弊，过分关注各自利益，要求对方公平分担，求而不得便争吵不休，反倒更容易导致博弈破裂。而聪明的博弈者不会去关注数量或效用上是否完全均等，而是关注当前的分配方式是否合理，什么样的分配方案对大家都好、对自己最有利。

4. 将注意力放在更广阔的世界上

在婚姻博弈中，虽说夫妻间的矛盾是难免的，但那些有自己的事业，有独立的人生观、价值观，精神世界丰富的博弈者往往更不容易被家庭琐事所困扰，他们每一天都过得丰富而充实，根本无暇去纠结隔夜的旧账。因此，当你发现双方的关系陷入一片混沌中，说不清理还乱的时候，不妨打开眼界，将注意力放在更广阔的世界上，努力去追求那些更有意义、更能够让人获得蓬勃活力、更有价值感的事物。总有一天，你会发现原来那些纠缠不清的事情如此微不足道，同时也必将获得丰厚的回报。

幸福的家庭，重在"难得糊涂"

从所有人都是理性人这个博弈论的基本假设出发，一场博弈的参与者必然要理性分析、判断、选择自身所处形势及双方策略优劣，以便为实现自身最大利益服务。但这个理性人的假设未必符合所有的博弈。事实上，在婚恋博弈中，理性不是时刻都需要的，相反，更多的时候，身处其中的博弈者需要一点"难得糊涂"的智慧。要知道，夫妻天天厮守在一起，彼此赤诚相见，总会有说错话、做错事的时候，就是再好的夫妻也免不了磕磕绊绊、斗嘴争吵。如果过于较真，事事都要问个清楚、说个明白，只会让双方的博弈破裂，使幸福的家庭毁于一旦。

一段甜蜜的浪漫恋情之后，周周和男孩终于走进了婚姻殿堂。婚礼前一晚，妈妈拉着周周说了一夜话，其中几句话让周周印象颇深：男人生来就是不知足的动物，吃着碗里的、望着锅里的是常事。女人要眼明心亮，及时发现那些蛛丝马迹，牢牢看住，让他们不敢有非分之想。"自然，婚后她将这段话也用到了老公的身上。

如果说结婚前，周周是只善解人意、温柔美丽的百灵鸟，结婚后周周就是盏巨大的探照灯。她能敏锐地捕捉到老公所有的小动作，每一个表情、语气，只要发现一点蛛丝马迹就会大动肝火，两人发生过很多次争吵，甚至差点离婚。

与此同时，周周的老公目睹了妻子从恋爱时体贴温柔的可人模样到婚后尖酸挑刺、敏感多疑的小妇人之间的转变，态度也发生了改变，从一开始的解释、认错，到后来的强硬对抗，认为这一切都是周周的错，要求她必须为自己的错误付出代价。

后来，周周再次因为老公一句戏言"小胖子真能吃"，而觉得对方看不上自己了，两人爆发了前所未有的激烈争吵，之后便分居了。周周觉得老公变了，天都塌了，天天以泪洗面，找闺蜜哭诉。周周老公也寸步不让，决不道歉。

然而，闺蜜听完以后，没有帮着周周骂那个"负心汉"，而是语重心长地说："其实变的不是你老公，而是你。婚前你是多温柔的一个人，心地善良，常常为他人着想，愿意站在老公的角度去替他考虑，为什么婚后一定要这么任性？其实，很多事情没有必要分得那么清楚，难得糊涂也是家庭的经营之道啊。"

闺蜜的一席话让周周感到意外，但冷静下来仔细想想，其实很多事情并不怪老公。老公的戏言也只是开玩笑，甚至是带着宠溺的玩笑，真的是自己太较真了。那次分居事件以后，周周开始不再做一盏探照灯，甚至主动找老公说出了自己的担忧和顾虑，并请求对方的谅解。老公在妻子的眼泪中也理解了对方，表示自己也有不当之处。此后，两人的关系进入了一个良性的阶段。

在周周和老公的夫妻博弈中，周周理性的策略——做一盏探照灯，不仅没有让自己获得幸福，反而差点毁掉婚姻；丈夫的理性选择——将所有的错误都归于妻子，不再愿意对妻子施以安抚策略，给其安全感，结果只是让矛盾更加激化。事实证明，从理性人的角度出发，婚姻博弈中的夫妻应该事事都做出理性的选择，但从利益最大化的角度出发，夫妻之间更应该糊涂一些、包容一些。而那些眼里揉不下沙子的人，婚姻往往不会太幸福，因为他们的明察秋毫让爱人常常难以忍受，让他们无处可藏。弦绷得太紧太久，自然就会断掉。与其如此，还不如装傻，只要不是天塌下来的事情，不是原则问题，就糊涂一点，也大气一点，既能解放自己，也能让婚姻的幸福感倍增，夫妻感情更加深厚。

1. 记得表达自己的爱

传统中国人的特点是含蓄内敛，不太习惯将爱说出来、表达出来，但谁都不是对方肚子里的蛔虫，想做到完全了解对方是不可能的。尤其是在婚姻这样本应是双方相亲相爱的合作博弈中，爱意这样的信息更应该是透明、公开、让对方清楚感受到的。如果心中有爱而不说出来、不表达出来，时间长了再幸福的夫妻也会渐行渐远。所以，婚姻博弈中，博弈者要记得表达自己的爱，用语言和行动去关心对方。即使只是嘘寒问暖、提醒购买换季衣服之类的小事，也会让家庭更加幸福。

2. 重大事情要透明

在合作博弈中，重要的、事关双方利益的、不会触及自己底线的决策应该是每一个参与者都心知肚明的。同样，在婚姻博弈中也要如此，无论什么时候，在家庭重大事情的决策上，比如大额资金支出、孩子教育、工作调动等，夫妻双方要能够做到相互探讨、商量清楚、保持一致。即使一时不能达成一致，也要努力寻找共同点，在对立中找到统一，绝不能武断地大手一挥，强硬地做决定。

3. 小事糊涂装傻

很多时候，让人意志崩溃的并不是什么大事，而只是一些琐碎的小事。比如，有些妻子非常节俭，丈夫好心买来礼物，不仅不会感谢，还会冷嘲热讽，说其不会过日子或者没眼光等；有些丈夫一下班回家就开始抱怨家里没有收拾干净，对妻子的辛苦视而不见。但是，居家过日子没有多少事情是必须分出对错的，也不是什么事情都要问明白的。对于那些于大局无害、不损伤双方利益、不会破坏婚姻这场合作博弈的生活琐事不必求全责备，刨根问底，而应该适当地糊涂装傻，才能够使家庭生活越来越幸福。

第十一章

职场博弈：谙熟丛林生存法则，才能笑到最后

摆脱"路径依赖"，为自己赢得更大发展空间

　　在长期的博弈中，每个博弈者都有多种多样的渠道可以获得决策信息——自己的经验、相似环境中其他参与者的决策、博弈的历史都可以帮助参与者达到这一目的。在这个过程中，那些好的策略会被模仿、保留下来，不好的策略则不断被淘汰掉。从安全性上看，这种均衡状态最大的好处莫过于保持稳定，可以形成便捷的解决问题的惯用策略，但其坏处是容易形成强势的路径依赖，也就是胜出的策略不一定一直会是最好的策略。因为人们一旦习惯了进行某种选择，就会进入惯性状态，之后再做同类决策的时候，就好比走上了一条不归路，很容易依赖这一路径做出相同的选择，这种惯性也被人称为路径依赖。

　　在基于惯性的路径依赖下，人们以前的选择极大地决定了他们未来的选择。古人云："少成若天性，习惯如自然。"一条好的路径，可以使博弈者沿着既定的路径，进入良性循环的博弈轨道，在最短的时间内优化资源和策略，造成一种赢家通吃的博弈局面。但一条坏的路径，可以使博弈者认为只要沿着某条路径前进，就可以较为轻松地实现目标，从而使其习惯成自然地延续这条路径。就像温水煮青蛙一样，身处这样的路径，人会渐渐地放弃主动思考，不再试图寻求突破，久而久之，最终错上加错，沿着已是错误的路径坠落下去，陷入劳而无功、停滞不前的博弈状态中，丧失斗志和创造性，降低竞争力。而这对于身处职场的博弈者来说，几乎是一件致命的事情。

　　要知道，职场环境变化多端，如人事发生变动、客户改变、市场竞

争条件改变、公司要求改变等，当环境发生改变时自然要有新的处理方法。如果一味地沿着旧有的路径滑下去，使自己的发展空间限定在一个小范围里，终将在职场博弈中被淘汰。所以，在职场博弈中，博弈者固然可以根据好的路径依赖，依靠好的经验在最短的时间里、以最小的代价、最有效的方法解决问题，但也要敢于摆脱路径依赖，为自己赢得更广阔的发展空间。

杰瑞大学毕业后，误打误撞进入一家公司从事行政工作。他耐心、细心、待人谦和、做事井井有条，不仅工作做得很好，与周围的人关系也很好。因此，他很快就在众多新人中脱颖而出，得到公司上下的首肯，职位步步高升，薪水也水涨船高。

三年过去，上一任行政经理离职后，杰瑞顺理成章地成为新一任行政经理，工作也更得心应手了。正当他一切都顺顺利利，公司也打算在他和另外几个竞争者中提拔一个担任总公司的行政总监的时候，他却突然提出辞呈，转而去了另外一家公司开始做技术开发工作。新工作虽然待遇不错，但是因为工作性质，做起来异常辛苦。

人们对他的选择很不解，为什么放着轻松的行政工作不做，非要去做辛苦的技术工作呢？大家纷纷议论他是安逸久了，开始不安分了。而杰瑞却有自己的想法。他大学学的就是技术开发，自己也喜欢埋头钻研技术，更何况，在公司行政工作做得久了，已经不会再有太大的上升空间，他想要进行一些突破。

杰瑞之所以放弃做久了、做熟了的行政工作，选择辛苦的技术工作，就是为了让自己不至于局限在现有的路径依赖中。职场上，我们都需要一些杰瑞这样的魄力和智慧。当你跳出惯性思维，你会发现，生活充满无限的可能。

1. 引入外生变量，用利益诱导改变

在职场博弈中，路径依赖之所以能够发挥作用，既是因为博弈者的

惰性，也是因为新的突破所带来的利益诱惑不够大。倘若引入外生变量后所带来的利益大于原地踏步的利益，事情自然就会有所不同。比如，杰瑞之所以放着轻松的工作不做，非要跳槽，就是因为新的工作符合他的兴趣和专业，能够带来更好的待遇，能够扩展自己的视野和选择范围，提升自己的竞争力，最终，最大限度地保护自己在竞争中的不败地位，这样，他又何乐而不为呢？正所谓没有不追求利益的博弈者，所以要摆脱路径依赖，利益诱导称得上是最有效的外生变量。

2. 做完选择，果断执行

要打破路径依赖，需要博弈者具有毫不犹豫、果断执行的魄力。既然是选择，必然会有两个或两个以上的可选方案，选择这一个就要放弃另一个，对此，有些博弈者就会瞻前顾后、顾此失彼。但任何事情都有得有失，选择哪个策略的关键只在于博弈者自己认为哪个更合适，哪个更符合自己的长远利益，只要一选定，就要坚决执行下去，不要拖泥带水而错失好时机。

眼观六路，不要只做被吩咐的事

在博弈中，博弈者需要在对方给定策略的前提下选择某种特定的策略以使自身利益最大化。但问题在于，每一个博弈参与者都会追求利益最大化。在这个前提下，博弈各方就会对自己的信息采取各种各样的保密措施。当博弈各方都处于信息沟通不畅的状态时，博弈者采取某种策略之前就要分析、总结各方参与者以往采取过的策略及其优劣，并在此基础上预估对手接下来可能采取的策略，及其对我方的影响。由此，那些仅仅着眼于自身的策略、过去的策略的博弈者，很可能会输得很惨。

职场也是如此。在职场上，员工与员工之间、员工与下属或同事之间的博弈中，对方说出口的要求、请求只代表了其当前的想法，并未明确透露出其未来可能采取的策略、可能产生的想法。如果博弈者只机械地干活，完全不去思考对方希望你做什么，只是对方说什么就做什么、不说的就想不到去做，就不可能在众多竞争者中脱颖而出。事实上，聪明的博弈者还要有敏锐的洞察力，眼观六路，耳听八方，永远比上司要求的多想一些，将"把事做完"变成"把事做好"，才能成为上司身边不可替代的人才。

陆路和赵方同时进入一家公司实习。两人工作能力都很突出，专业相同，性格也接近，老板都很认可。不过，陆路更积极主动一些，而赵方做事相对循规蹈矩些。

有一次，公司新接了一个项目。为了历练新员工，老板要求两人根据给定的主题各自做一个设计方案，时间期限为两天。赵方听完要求就去设计方案了。而陆路仔细询问了设计方案的对象、要求、以往的设计理念，也回去准备了。

两天后，老板拿到了两人的设计方案，陆路拿出的不是一个设计方案，而是三个设计方案，每个设计方案的侧重点都有所不同。不仅如此，他还在后面标注了每个方案的特点和长处，其中有个方案还对给定的主题进行了修改。赵方的方案则中规中矩，虽然没有什么亮点，却中肯而稳妥。

从这以后，老板对两人有了截然不同的看法。实习期满后，陆路接到了正式录用的邀请书，而赵方则正常离职。

在和上司的博弈中，同时进入公司实习的两人之所以有了完全不同的结局，关键就在于两人采取了完全不同的策略。

陆路不仅仅想到了在当前的博弈状态下上司的要求，更想到了对方不曾说出口的期待。而赵方却仅仅着眼于当前，完全放弃了对过去的反思和对未来的预判。

陆路拿到主题，仔细地询问了相关问题，获得了更多信息，从而得到了信息上的优势。赵方则仅仅获知要求就离开，并未得到更多的信息，自然容易在信息拥有量上处于劣势。

陆路拿出了三个方案，即使方案本身不是那么完美，但他所展现出来的愿意把事情做好的态度给老板留下了深刻的印象，这也是一个优秀的员工所需要的工作态度。而后者的方案中规中矩，且没有什么亮点，仅仅是完成了任务。

在这样鲜明的对比下，老板更中意谁，不就是一目了然的事情吗？

所以，在职场博弈中，博弈者要知道，推一下走一步的被动式的决策方式、工作方法并不能给自己带来最大的回报。当你在工作上长时间停滞不前的时候，不妨停下来反思一下，自己是否做到了积极、主动、智慧地对待工作，然后按照以下规则去调整自己。

1. 弄清楚博弈对手——上司的喜好和习惯

换位思考，站在对方的立场去分析其会具有怎样的喜好和决策习惯及可能采取的行动，而不仅仅是站在自己的角度去判断对方会怎么做，可以帮助我们迅速看清局势，并找到最优策略。初入职场的博弈者可能对此了解不深，但随着工作时间的延长，就要弄明白博弈对手——上司喜欢什么，不喜欢什么，习惯怎样的做事风格。你并非要刻意讨好对方，但是，一定要心中有数。这样，当有需要的时候，你可以马上找到最有效的应对方案，让对方心服口服地认可你的工作能力。比如，老板喜欢简明扼要，你在做汇报的时候，就不能啰啰唆唆不着边际；对方习惯于开会时雷厉风行，你就要事先把开会需要的材料准备好。久而久之，你自然能给上司留下深刻的印象。

2. 比上司要求的多做一些

如果你有两个以上的、更好的方案，不妨在完成老板要求的部分后尝试多做出一个方案来；如果你有新的想法，就要做个模板或计划出来；如果你按照上司的要求去调查客户的意向，就应该在弄清楚客户的意向之外，进一步调查清楚他以往的使用体验、面临的问题、期望的解决方案，有多少客户有这样的需求、市场前景如何、有什么措施可以解决问题。总而言之，不管什么时候，你都可以比上司要求和期待的多做一些，尽可能地去预判对手的真实意图，分析其希望你采取什么策略。即使你做的事可能并不那么完美，但这种工作态度可以让上司知道你有能力、认真、肯负责、愿意付出，也可以让其更容易做出决策。久而久之，你必然能够得到比别人更多的机会和回报。

3. 给出可选方案，而不是提出问题

在与上司的博弈中，在完成上司交代的工作的时候，难免会遇到一些问题，并需要向上司请教。但是，你要记住，因为立场、利益、思考问题方式的不同，注定了上司都希望员工能够精明干练、独当一面，给自己带来最大的利益。如果员工每次请教的时候都只是简单地提出问题，留给上司的就会是无尽的问号，他需要投入更多的精力去思考和解决，久而久之，他会对员工的工作能力和工作态度提出怀疑。所以，必要的时候，员工应该给出可选方案，即使不能拿出可行的成熟方案，它也应该初具雏形，而不是仅仅提出问题。

4. 展示自己独当一面的能力

一个只会当"乖宝宝"的员工在事业上是走不远的。所以，当员工和上司建立了良好的关系后，员工除了及时向上司汇报工作进程之外，不必事事请教上司后才行动。对于那些你完全有把握做好，没有什么太大风险的事情，完全可以展示出自己独当一面的能力，让自己成为老板的合作伙伴，让自己和上司之间的博弈变成合作博弈，让上司认为你可以和他实现双赢，而非觉得你只是亦步亦趋的跟随者。

为付出争得更多回报，不做只会苦干的"大猪"

在市场经济下，人们奉行的分配观念是按劳分配，多劳多得、少劳少得。但智猪博弈告诉我们，有时多劳未必多得。事实上，在职场博弈中，总有一些人会搭便车成为不劳而获的"小猪"，而另一些人则成了"大猪"，做了所有辛苦的事情，付出与回报却不成正比，甚至相去甚远。如果大家都不愿努力工作，所有人都耗在那里，工作任务无法完成，只会招来训斥。尤其是那些长期共事的员工，清楚公司的规则，也擅长利用这种规则。结果就是，各方博弈进行到最后，总会有一些"大猪"看不过眼，自己承担了重任。而"小猪"则躲在一边，安闲自在地等着拿奖金。

罗洁在一家小公司工作。公司员工只有十几个人，包括总经理、副总经理、总经理助理和普通员工。罗洁正是该公司的总经理助理，她主要的工作就是上下联通，负责公司一切外勤、后勤、人员调动、工作协商等工作，具体而琐碎。

罗洁每天听到最多的就是："罗洁，把这件事办一办！"接到工作安排后，罗洁就要仔细分析怎样分配工作，并带着普通员工将工作完成。因为公司刚刚成立，普通员工对业务不是很熟悉，罗洁只能无奈地叹息，然后把自己一个人当三个人用，加班加点地完成上司交代的任务。

更让她想不到的是，由于事事都是她出面，渐渐地，同事们觉得只要有什么事情搞不定，找她便可以了。甚至老总都不再给员工们派任务，往往直接就把文件扔到罗洁的桌子上。就这样，罗洁办公桌上的文件越堆越高，就连普通员工都敢给她分配工作了。一天，一名员工拿来一沓文件说:"你帮我跟客户联系一下。"罗洁顿时气得说不出话来,过了半晌才反应过来:"这是你的工作,你自己为什么不去?"员工红着脸说:"这名客户我接触不多,没有你熟悉,你去比较好!"尽管心中怒火万丈,但出于工作考虑,罗洁最终还是替他做了。

渐渐地,罗洁成了多面手,一上班就在公司里四处忙个不停;总经理打着电话或者拜访投资商,副总经理躲在自己的办公室里写方案;普通员工一有事情就找罗洁。到了年终,公司分发奖金,罗洁所分的仅仅比普通员工多了不到一千块钱。想想自己这一年的付出,她就觉得有些委屈,但是,又能怎么办呢?

罗洁的问题出在哪里呢?她在一群"小猪"中充当了"大猪"的角色,无奈地承担了更多不必要的工作,却又不擅长为自己争利,最后只是分得了一点残羹冷炙,付出与所得严重不匹配。而那些躲在她身后的普通员工则选择了跟随策略,轻易地获得了大于付出的利益。所以,在职场博弈中,仅仅埋头苦干是不够的,那样只会让你成为多劳而不多得的"大猪"。事实上,你不仅要踏实努力,更要用头脑工作,用智慧工作,尽力争取自己应得的利益。

1. 不争功,不等于不要回报

在职场博弈中,总会有老好人的省心员工,做了最多的事情,得到较少的回报,好处都被别人占了,又不懂得为自己争利,以至于错失了很多摆在眼前的机会。长此以往地经受不公正待遇后,这些员工的心态往往就会失衡,容易产生压抑、烦闷、浮躁等情绪,对工作失去耐心,甚至影响到生活,可谓得不偿失。其实,追求利益最大化、追求与付出对等的回报是每个博弈者的天性,也是每个博弈者都应该坚持的原则之一,身处职场的博弈者既要踏实努力,也要懂得求回报,既要为公司的发展贡献力量,也要为自己的成长与发展争取更多的机会。选择适当的时候,比如,完成重大项目以后、做出一些好成绩以后,你都可以抓住时机和上司谈谈你对未来的计划、已经取得了哪些业绩、希望得到怎样的报酬等，让上司知道你想要为公司做出更多的贡献，自然也希望得到更多的回报，从而为自己争取更大的利益。

2.多汇报，让上司知道你在做什么

很多时候，员工埋头苦干，而上司却认为员工什么都没有做。之所以会这样，是因为员工只需要将注意力放在自己所负责的那一份工作及其相关事务上，而上司则要关注整个团队的运营、各个项目的进展等种种事情，精力、时间都有限，不可能随时盯着每一个员工，也不可能时时知道员工在做什么、做到了什么程度、存在哪些问题等。作为员工，就要乐意向上司汇报工作的进程、工作中存在的问题，让上司对你的工作状态有一个清醒的认知。总之，你不但要踏实工作，还要让上司知道你在做什么，让他看到你付出的努力、你的忠诚，这样，他在分配资源的时候才会关注到你的需求。

每个参与者都追求利益最大化，不要独自贪功

众所周知，博弈论的两大基本假设分别为：每个参与者都是理性的、都追求个人利益的最大化；完全理性是每个参与者的共同特征。从这个角度来说，在博弈中，每个参与者都是自私的，他们希望争取到每一份利益，职场中的博弈者也不例外。面对博弈者的功劳，其他的参与者也会认为其中有自己的付出。事实上，在一个公司里，资源和平台都是公司提供的，很多工作都需要其他人的配合才能够完成。所以，无论博弈者在其中付出了多少，一个人独享功劳都可能带来一些风险。

韩琦在一家广告设计公司做设计师。他是一个有想法、有才华、眼光敏锐的小伙子，他对设计有着独特不俗的理解，经常设计出一些很特别的作品。上个月，公司接到一个大单子，经过权衡后将单子交给了韩琦。他加班加点地干了一个月，终于拿出了让客户满意的方案。公司很高兴，在足额付给他提成外，还奖励了他 1 万元的奖金。

事实上，这样的事情在公司里经常发生。为此，他也很有成就感，但渐渐地，他就觉得事情好像有点不对，因为最近他的上司——部门主管常给自己脸色看，很多同事也对他不冷不热的，也不知道自己哪里得罪大家了。尤其是自从一个同样有才华的新员工进入公司以后，韩琦的处境就更加尴尬了。

有一次，他路过其他办公室的时候，无意中听到两名同事在议论："那个韩琦啊，挺有才华，就是有点恃才傲物，你说他哪次要东西，我不是跑上跑下给他联系，这办公室里帮他忙的人不少，他倒好，每次得了

好处都塞进自己的腰包，从来想不起大家。"韩琦刚听到时很生气，可后来一想，确实如此，他这才意识到了问题所在。

让人不容置疑的是，韩琦拿下了大订单，他的功劳最大，他理应得到最大的利益。但他成功的过程本身就是多个博弈者之间的合作博弈，而博弈中参与者的自私和理性的基本假设也决定了倘若他独享功劳，完全忽视了他人，必然会引起他人的不满。

事实上，独自霸占功劳，看上去是肥水不流外人田，但从收益的角度来看，一毛不拔会让人觉得小气；从地位上来说，一个人独自贪功久了，所占功劳太大，必然会让人觉得有威胁性，进而受到防备、警惕，甚至打压，以至于激起公愤，引火烧身。

反之，学会分享，看上去损失了一点利益，实际上却拉拢了人心，和谐了与周围人的关系，化解了敌意，让自己可以有一个良好的人际关系，从长远来看，利大于弊，算得上是正和博弈。所以，身在职场中，有些功劳不妨送给别人，有些甜头不如大家共享。

1. 学会感谢

我们经常见到影视明星登台领奖的时候会说："感谢各位导演给我这个机会，感谢观众们的支持……"有人觉得这都是客套话，但也正是这些客套话更容易获得他人的好感和认同，更容易拉近人与人之间的关系。同样，在职场博弈中，当你获得荣誉时，不妨面带真诚地表达出对上司的提拔、信任、授权、指导的感谢，对同事的鼓励、帮助和配合的感谢。即使事实上他们并没有给你什么实质上的帮助，这些感谢的话也能够为你的成功赢得更多认可与支持。

2. 学会分享

在博弈中，分享可以化解博弈对手的对抗意识，促使博弈双方站在同一条战线上，将对抗博弈转化为合作博弈。所以，职场中的博弈者，当工作上有了业绩，升职了、加薪了，不妨和同事们庆祝一番，分享自己的荣誉，分享自己的快乐和喜悦，哪怕只是分享给同事们一点小零食，就能够让他们感受到你的尊重，也会让他们感受到同样的喜悦。事实上，很多职场人脉往往就是这样建立起来的。

3. 做一个谦逊的人

人一旦取得了成功，兴奋喜悦是在所难免的，但自我膨胀、恃才傲物，万万不可有。要知道，荣誉当前，你吹嘘，大家会觉得你是炫耀，对你产生反感；你客气，大家会觉得你虚伪；你地位低，他们会因为嫉妒而有意无意地抵制你，甚至刻意为难；你地位高，大家会觉得你难以接近，不好相处。与其两面不讨好，还不如做一根沉甸甸的稻穗，垂下头去，做一个谦逊的人，时刻心怀感恩，尊重每一个人，适当分享快乐，将周围的人变成你坚定的盟友。

理性未必有利，太聪明的人未必被赏识

身在职场，必然要有一些赖以生存的技巧，或察言观色，或八面玲珑，或一技在身，才能够一帆风顺。但理性行为假设不是所有时候都适用，有时候，看似聪明的言行，未必会讨喜，看上去很聪明的人，未必会被赏识。

毕业于某大学日语专业的薇薇顺利地找到了合适的工作，是在一家日本人的公司做负责人助理，日常工作就是负责日方人员与中方人员的沟通。

薇薇心直口快，心思敏捷，经常能注意到他人注意不到的地方。有一次，上司在审查薇薇递给他的日文报告时，委婉地提出了报告中的几个小问题，薇薇看了一下，立刻辩解说："在日语里，这个词就是这个意思，你肯定错了。"上司的脸色立刻晴转多云，他将报告扔进抽屉里，对薇薇说："那好，我回去好好看看，明天再给你。"

薇薇说："放心吧，肯定不会有错的，我可是我们学院的优秀毕业生。"

听了薇薇的话，上司冷冷地看了她一眼就走掉了。

事后薇薇核实了一下，发现上司指出的地方自己并没有错，也就是说，上司的确错了。

不过，这样的事情有过几次后，薇薇发现上司开始渐渐有点看不惯她，有时候还故意为难她。试用期结束后，上司便以薇薇不适应企业文化、不符合公司要求为由辞退了薇薇。

薇薇明明是对的，为什么会这样呢？其实，理性未必有利，太聪明的人未必被赏识。在这个案例中，薇薇是正确的，上司是错误的，是非对错很明显，所以薇薇应该坚持自己的观点。但没有人会喜欢自己的下属时时刻刻表现得比自己聪明。她仗着自己的聪明，完全不顾及上司的感受，处处喜欢标榜自己、表现自己、突出自己，甚至贬低上司，不自觉地以聪明的姿态与上司相处，表现得比对方更聪明，只是显示了她自身的冒失与无知，也在不知不觉中伤害了别人的尊严与颜面，会让对方觉得自己的智慧和判断力被否定，同时也显示了她自身的狂妄与无知。事实上，从利益最大化的角度来说，她应该照顾上司的面子，寻找一种较为缓和的方式去表达自己的观点。

可以说，在职场博弈中，真正聪明的博弈者往往都深谙处世之道。作为下属，他们从来都是低调而内敛的，从不自恃有才而骄傲自大、目中无人。他们懂得收敛自己的锋芒，却又能看到他人的优势和长处，能够取他人之长，补己之短，自然能够获取最大的利益。而这也是每一个职场人都应该掌握的博弈原则。

1. 平时守拙

曾国藩说过："天下之至拙，能胜天下之至巧。"作为下属，即使你完全有能力赢了上司，也要学会守拙，在日常工作中踏踏实实地做好自己的工作，不显山不露水，谦虚谨慎，不要显示出你比他更聪明，这既是保护自己的一种有效方式，更是使自己积蓄力量、等候时机的人生韬略。

2. 关键时刻要果断出手

守拙仅仅是保护自己的一种手段，而不是真的让自己变傻。要时刻观察和把控大局，能准确地看清局势的变化，关键时刻果断出手，恰到好处地帮助上司解决麻烦。这样，既能够展现自己的才华，又不会因为过分招摇而遭人嫉恨。

3. 事后不揽功

帮助上司解决问题后，你会成为众人的焦点，得到上司的首肯。但需要注意的是，只有有能力、能够解决问题且谦虚谨慎、不居功自傲的人才能得到他人的真心喜欢。所以，当一切归于平静，你仍然要保持低调的姿态，不争功，不夸耀，踏踏实实地做自己的事情。

第十二章

管理博弈：胡萝卜加大棒，制造无形气场

"分槽喂马"，富有智慧的用人之道

企业的运营和发展离不开人才，但怎样用人，做到人尽其才是每一位管理者都应该认真思考的问题。在这里，"分槽喂马"不失为一种富有智慧的用人之道。

相传，战国时期，某人养了两匹马，一匹是大宛马，一匹是蒙古马。两匹马同槽喂养、在同一个马厩里睡觉。结果过了一段时间，养马人发现，这两匹马草料吃得很少，不仅不长膘，而且身上还有大量的伤痕。原来，这两匹马彼此之间相互踢咬，以至于两相残伤。养马人非常烦恼，没办法，只好去向伯乐求助。伯乐来了，一看，告诉养马人："这千里马谁也不服谁，不能放在一起混养，要将食槽分开，一分为二，让它们各吃各的，才能把它们养好。"养马人听了，马上照做，没过多长时间，这两匹马都变得膘肥体壮。

从中，我们可以看出分槽喂马的关键就在于不要让两匹能力超群的千里马在一个槽里吃草料、在同一个马厩里休息。这种策略应用到人才管理中就是：针对不同的博弈对象，管理者采取不同的管理策略，尽量不要让两个能力超群的优秀人才在同一个空间里同时做同一件事，以免使其明争暗斗，甚至影响到周围的人，将有限的资源都浪费在无穷无尽的内耗中。

从博弈论的角度来说，每个参与者都有其特定的利益、博弈目的、策略偏好、对历史博弈的理解及对未来博弈的预判。这样，在与对手博弈的时候就要因人而异、对症下药。可见，"分槽喂马"是养马之道，也是用人之道，更是管理博弈中符合利益最大化、理性假设的博弈智慧，其关键就是坚持"以德为先，德才兼备"的原则，做到"人尽其才，才尽其用"。

联想集团自成立以来，发展迅猛。但随着创始人柳传志的渐渐退居二线，曾经困扰众多企业家的接班人问题也开始显现，候选人郭为、杨元庆，到底谁可接班？对此，柳传志有自己的想法，他认为这两个人都是人才，都为联想电脑的发展立下汗马功劳。不同之处是，郭为是孔雀型管理者，富有个人魅力，擅长以柔克刚，天生就擅长理想激励，在推动新思维、执行新使命、推广宣传等方面有很出色的表现，更适合开发市场或创建产业；而杨元庆是老虎型领袖，充满能量，胸怀大志，威震八方，更适合改革性工作。

2000年，为了进一步推动集团的发展，也为了顺应互联网时代信息产业的发展趋势，联想集团创始人柳传志及高层决定拆分企业。2001年3月，联想集团下联想电脑、神州数码的战略分拆进入最后阶段，同年6月，神州数码上市。

集团成功分拆之后，联想电脑由一直负责个人电脑业务的杨元庆领军，继续掌管自有品牌，负责PC、硬件生产和销售的业务板块，立足现在；神州数码交给郭为，另外创立品牌，主要负责系统集成、代理产品分销、网络产品制造等业务，开创未来。自此，联想集团的发展进入新时期。

两个同样优秀的人才不能用同样的方式管理和使用，更不能让他们在同一个"马厩"里——那是浪费人才。柳传志聪明地对不同的人采取不同的策略，将不同的人用在不同的地方，不仅使人才可以充分施展自己的才华，也使企业迎来新的发展契机。同样，在管理博弈中，普通的管理者也要掌握以下一些博弈原则：

1. 培养不同的人才

一个企业的发展需要不同的人才，既要有适合开拓新市场的进取型人才，也要有适合守成的保守型员工，既要有擅长联络沟通、八面玲珑的人，也要有按部就班、认真踏实、坐得住的人。这样，管理者在培养人才时，要遵照"能力优先"的原则，然后依据各自的做事风格、性格特征、特长等，从不同的发展方向对人才进行相应的培养。

2. 用对地方

世界著名服装设计师皮尔·卡丹曾经说："用人一加一不等于二，搞不好等于零。"用人时，如果组合不当，于个人、于整体都是巨大的损失，安排得当，才能发挥最佳效用。所以，管理者不仅仅要积极培养人才，还要充分掌握每个人的特长和优势，把他们用对地方，安排到合适的岗位。

3. 划分范围，给予不同的跑道

如果有幸得到多个人才，且每个人才都竞争激烈，就要划分职责范围，清晰、明白、严谨地让每个人都单独负责一片。将能力和特长接近的人才放在不同的部门，将互补型人才以正手副手的形式安排。这样做的好处是，每个人都能够在企业需要的一个方面充分发挥才华，最终达到一加一大于二的效果。

惩罚不如激励，提升团队效率

在博弈论中，有两种策略，分别为惩罚策略和激励策略。它是对于那些不肯合作的人进行惩罚、对愿意合作的人给予奖励的回应规则。惩罚策略侧重于报复背叛，而激励策略则侧重于奖励合作，两个各有优势。但现实中，很多企业管理者都有对惩罚策略的盲目崇拜。他们宁可设置专门的岗位、费尽心力制定各种各样辖制员工的惩罚条款，却不舍得给员工应有的福利和奖励，结果不尽如人意，未能收到良好的效果。

公司逐渐发展起来以后，办公区域不断扩展，员工数量越来越多，柳明开始琢磨公司的管理问题。他制定出了一套周密细致的惩罚措施：上班迟到三分钟罚款 100 元；每月工作任务没有完成，扣掉工资的 10%；若发现在工作时间玩手机等做与工作无关的事情每次罚款 10 元……然后，他将这些措施写成办公准则，明文张贴在公司的每间办公室。他原以为，有了约束措施，大家工作起来自然不敢偷懒，工作效率也会提高。

让他没想到的是，惩罚措施实行以后，刚开始员工们的确规矩了很多，但两个月以后开始陆陆续续有人辞职，公司的人员流失现象渐渐严重起来。年终一结算，发现业绩还不如以前。这让柳明纳闷不已。

激励策略和惩罚策略一样，都是鞭策员工，让员工尽心尽力地完成工作。但两者有很大的不同。

惩罚策略是消极的。被惩罚的人被动地接受，被动地工作，为了逃避惩罚，他们还会想方设法地去逃避工作。都说工作态度决定工作成效，被动的工作态度，必然会降低工作的效率。所以，惩罚的效用看上去让公司减少了成本，却降低了员工工作的主动性，增加了相对成本。

而激励策略则是积极的。被激励的人为了看得见的认可，愿意积极主动地去工作，甚至将工作当成自己的事业，将自己当成公司的合伙人，而不仅仅是一名拿工资的打工者。这样，当公司出现问题时，员工更愿意主动去解决。这种方法简单而有效，能够起到很好的作用。

所以，聪明的管理者、成功的企业更愿意激励员工，表示自己对员工的认可，甚至让员工参与到公司的利润分配中来。

世界著名的零售连锁集团沃尔玛在其发展的过程中，充分发挥了激励策略的积极作用，为了让员工分享公司发展带来的益处，将每一名员工都当成公司的"合伙人"，并不遗余力地将员工称呼为"合伙人"。不仅仅如此，沃尔玛还制定了利润分享计划，让那些在公司里兢兢业业工作到一定年限的员工都可以分享公司当年创造的利润。这些规定将员工和公司绑在一起，让员工的利益和公司的利益息息相关，使得员工的工作热情空前高涨，最终使公司也获得了更大的收益。

为了留住员工，沃尔玛用激励代替惩罚，以激发员工的积极性。这样，员工付出越多，得到的也越多，自然愿意全力以赴。可见，企业在用人时，与其费力不讨好地、千方百计地进行惩罚，不如改变方向，变惩罚为激励，以小博大，收买人心，让员工心甘情愿地为公司的发展努力奋斗。

1. 预见激励对象的反应，制定完善的激励制度

企业要想留住人，获得长远发展，就必须有可行、完善的激励机制，而有效的激励机制的关键就在于如何理解员工的喜好。只有事先预见激励对象的反应，准确把控一项激励措施实行后能够收到什么效果，才能找到符合员工利益、符合企业发展要求的最佳策略。

2. 奖励适度，把控好成本

博弈也是有成本的。给予员工的激励本身就是企业与员工之间的博弈成本的一部分。激励过高，会给企业造成巨大的负担，激励水平过低，不能充分激发员工工作的积极性。所以，管理者应该做到适度，把控好成本，将激励策略所需的成本控制在与企业规模和利润相匹配的程度，既能够最大限度地激励员工，也不至于造成资源浪费。

3. 看人下菜碟，给不同的人不同的激励策略

激励策略固然有效，但如果对每名员工都给予持股奖励，最后可能会人人持股，体现不出差别化，也就起不到良好的作用。事实上，不同的激励策略发挥的作用不同，加薪对在乎收入的人有效，良好的发展平台和机会对在乎事业长远发展的人有效，培训奖励对想要学真本事的人有效，害怕风险的人更适合固定薪水的职位，不怕风险的人愿意接受收入波动较大、有挑战性的工作。用错了方法，就无法得到认同。所以，好的激励策略应该是灵活多样的，给不同的人以不同的激励策略，满足不同人的需求。

解决"帕金森定律"的症结

1958年，英国著名历史学家诺斯古德·帕金森出版了《帕金森定律》。在这本书中，他详细阐述了这样一个事实：一个不称职的官员，可能有三条出路，第一是申请退职，把位子让给能干的人；第二是让一位能干的人来协助自己工作；第三是任用两个水平比自己更低的人当助手。他认为，这种事实的存在，往往会导致一种非常糟糕的情况出现：两个资质平平的助手做了老板要做的工作，而老板则只需要高高在上发号施令就可以了；为了轻松一些，这两个无能的助手会给自己招两个更无能的副手，这样既可以分担自己的工作，也不会威胁到自己的地位。反复博弈之后，一个机构臃肿、人浮于事、相互推诿、效率低下的官僚体系形成。而这种官僚主义的现象就是帕金森定律。

帕金森定律的症结在于，各级管理人员越来越多，官僚机构越来越繁杂，每个人都忙得脚不沾地，每个人都叫苦连天，但整体的工作效率越来越差。长此以往，整个公司的发展就会被拖慢脚步，甚至被拖垮。

从对帕金森定律的描述中，我们也可以看出，帕金森定律通常出现在团体中，团体的管理者往往能力不佳，也不是团队的最高权力者。为了不做错事，不承担风险，他就会向外转移风险，寻找助手。离开这两点，帕金森定律就不会发挥作用。

遗憾的是，职场上这样的管理者和团队并不少见。在这种团队里，老板明明能力不济，却用显微镜来看待周围的人，总担心那些能力强的员工威胁到自己的威信和权力，以至于疏远、压制他们，却将无能或能力平庸的人放在重要的岗位上。

然而，做大事者不惧比人弱。真正的强者，信心十足、魅力非凡，能够有力地控制整个局面，不在乎别人是否听话，而是用能力去赢得他人的尊敬，既愿意给平庸者一个成长的空间，也不怕接受桀骜不驯但能力超群的部下。即使部下的能力比他强，他也愿意给予对方一个平台。因为，在他的眼里，和做错事与承担风险相比，企业的发展大计更为重要。

这也告诉我们，管理博弈中，博弈者一方——管理者要消除帕金森定律的负面影响，就要尽可能地建立起一个高效的团队，不怕员工能力强于自己，也能够妥善处理聪明员工与普通管理者之间的关系。

1. 转变观念，从合作博弈的高度看待"强大"的员工

树立合作双赢的观念是博弈成功并长期进行下去的前提条件。在企业发展过程中，人才称得上是最宝贵的财富，也是企业在激烈竞争中立于不败之地的前提条件。管理者要转变观念，从战略高度上去看待"强大"的员工，真心诚意地尊重、重用、爱护强于自己的员工。

2. 加强学习，跟随企业不断成长

学习能力是管理者在与下属的博弈中牢牢掌控主动权的根本。在这个日新月异的信息时代，企业管理者要毫不例外地终身学习，跟随企业一起成长，使自己能够游刃有余地灵活应对层出不穷的新的博弈形势。一方面，我们要能够从书本上、前人身上学习更多的知识。另一方面，也要敢于向比自己强的员工学习，对于他们的长处而正好是自己的短板，不耻下问，主动请教，甘当小学生。

3. 利用科学的激励制度进行制衡

前面说过，帕金森定律出现的团队中，管理者往往不是整个公司的最高决策者。因为最高决策者身负把控企业的发展方向、甚至生死的重任，倘若能力平庸，根本就无法撑起一个企业。那么，最高决策者该怎样避免团队受到帕金森定律的影响呢？一个有效的办法是利用科学的激励制度进行制衡。科学的激励制度的运行能够创造出一种良性的竞争环境，进而形成良性的竞争机制，使组织成员感受到环境的压力，从而产生努力工作的动力，最终将那些能力平庸、不足以承担大任的员工淘汰。

4. 减少不必要的管理人员

著名管理学者苛希纳认为：实际的管理人员比真正需要的多两倍，就会多出两倍的工作时间和四倍的工作成本；实际的管理人员比真正需要的多三倍，就会多出三倍的工作时间和六倍的工作成本。也就是说，管理人员越多，越容易造成人员浪费，越容易形成腐败现象。在管理博弈中，要想提高工作效率，就必须"瘦身"，削减不必要的管理人员，特别是那些不堪大用、无法胜任当前工作的人，最终达到削减工作时间和工作成本的目的。

抑制"搭便车"的偷懒行为

智猪博弈告诉我们，谁先去踩踏板，谁就会为集体做出超出回报的贡献，而紧随其后搭便车者则会坐享其成。久而久之，想要搭便车的人就会越来越多。在公司惩戒制度不健全的情况下，他们安逸地躺在他人的劳动成果上轻松度日。最可怕的是，这种安逸感会传染，让越来越多的人开始混日子，最终伤害了那些辛苦劳作的"大猪"，打击了员工的工作积极性，降低了企业的工作效率和企业活力。

作为整个企业和团队的掌舵人，管理者应该尽可能地抑制"搭便车"的偷懒行为，将每一名员工的积极性都调动起来，整合为一个高效的团队。

某家加工厂的经营者经营了许多分厂，有一段时间，他发现其中有一个厂的效益始终徘徊不前，下去一调查，发现很多从业人员也很没干劲，不是旷工，就是迟到早退，工作效率极其低下。仅有几个负责任的员工在自己的岗位上兢兢业业地工作，努力完成工作任务，但即便如此，因为真正认真做事的人太少，导致公司的交货总是延误。这个经营者非常生气，马上行动起来，进行了大刀阔斧的改革。

他先是将所有的员工以车间为单位进行了分组，然后将现有的业务按不同的比例分配给每个小组，由员工每天做工作记录，最后按照小组统计绩效，并排列名次。排名靠前的小组员工会得到奖章、奖杯、奖金等。每个月月终统计绩效的时候，如果发现哪名员工进步大，还会给予进步奖。

两个月过去，这家分厂的面貌发生了很大的变化，整个团队的绩效得到了大幅度的提高，不仅仅交货准时，合格率也大幅上升。

在这里，搭便车行为的消失依赖于经营者改变了团队的分配规则，给予"大猪"更多的精神收益和物质奖励，形成了榜样效应。随着越来越多的员工成为"大猪"，整个公司就形成了一种正面的工作氛围，促使所有的员工都愿意全力以赴，积极要求进步。

1. 让每个人都是不可替代的

搭便车发生的一个前提是，员工之间的工作内容和性质相近，"大猪"可以做"小猪"的工作，"小猪"可以做"大猪"的工作。每个人的作用都可以被他人替代。这样，当"小猪"变得懒惰时，就很容易将"大猪"的劳动成果据为己有。所以，要想抑制搭便车的行为，一个有效的方式是细分工作，然后将不同的工作交给不同的人，让每个人都是不可替代的，让"小猪"失去坐享其成的机会。

2. 发挥企业文化的作用

就像每个人都有自己为人处世的风格一样，企业也有自己的风格，而这种风格就是企业文化。企业文化是一个企业的精神支柱，它赋予员工强烈的使命感，使员工明确自己向什么方向发展，应该怎样去做，从而积极主动地工作，而不是偷奸耍滑。

3. 控制团队规模

在一个公司中，只有每个部门的人数都真正达到了最佳数量，才能最大限度地减少低效的工作时间，降低工作成本，实现企业的利益最大化。从组织行为学的角度而言，4—5个人最容易形成一个稳固的、凝聚力较强的团体，而且也很容易管理和控制，方便小组负责人直接将指令下达到每一个人。所以，在团队内每个人的工作内容和工作目标都非常明确的前提下，每个团队的人数不应超过5个人。

4. 权责分明，奖惩分明

在团队中，每一个人所享有的权利都应该和他的责任相对应，和其所承担的工作内容、工作数量、工作性质、工作目标相对应。这样，每个人在规定的时间里所要完成的工作量就会非常清楚，倘若不能完成，则会受到惩罚，如果能很好地完成，则会受到相应的奖励，而且，工作完成得越好越多，奖励就会越丰厚，从而有效地避免搭便车的偷懒行为。

5. 责任层层落实

当团队的管理者把任务笼统地分配下去的时候，就会产生"责任分散效应"。员工会认为：反正也没有点名让我去完成，我不管，自然有人去做。当越来越多的员工都这样想的时候，就很少有员工会主动去做事，最终形成"三个和尚没水喝"的局面。所以，为了保证整个团队系统高效地运转，就必须将责任层层落实，让每一个人都承担一份具体的任务，成功激发大家的责任感，从而顺利地完成任务。

学会放下重担，有所为，有所不为

一个企业或者一个团队的管理往往离不开授权与集权的选择问题。从某种程度来说，授权与集权更多的是利益集团内部各方力量彼此博弈，最终形成一个相对稳定的均衡状态，各自达到利益目标的手段，也是各方力量强弱博弈自然选择的必然结果。在这个过程中，处于强势地位的管理者拥有更多的控制权，自然也更容易将所有的权力都牢牢地抓在手中，而处于弱势地位的员工则处于被领导、被管理的状态。

但博弈是不断发展变化的，企业也是。当企业发展到一定程度，员工随之不断成长，会拥有越来越多的资源，如人脉、能力、平台、选择机会等。而原本处于绝对强势地位的管理者渐渐地需要面对更大的摊子，这时，放权、授权就是必然的，管理者就应该学会放下重担，有所为，有所不为。如果再像以前那样事必躬亲，将什么事情都揽在自己手中，大到公司制度改革、产品定位，小到晚上下班后打扫公司卫生、关空调，样样都不落下，反倒会让自己疲于奔命，往往事倍功半，降低企业的工作效率，使员工变成懒惰的"小猪"。

汪文白手起家，创立了自己的公司。对于这个来之不易的劳动成果，他像爱惜孩子一样爱惜它。他希望公司能越做越大，因此倾注了全部的心血。他自己制定规章制度，比如规定下属不能在工作岗位上吃东西、不准喧哗等，自己检查每一项规章制度的落实情况，还亲自检查员工的考勤。总之，只要是公司里的事情，他见到就做，想到就做，哪怕事情小到仅仅是办公室的饮水机没水了，他也能注意到。有时候看到下属做不好一些事情，他就干脆拿过来自己做。

汪文每天下班后都觉得筋疲力尽，甚至感叹创业如此不易。结果，他发现下属们并不领情，要么每天混日子，要么推一下动一下，完全没有工作主动性。而他的部门主管却抱怨他管得太多，让自己完全没办法做工作。公司的绩效没有提升，利润不仅没有增加，反而随着核心员工的流失下降了。

当公司发展到一定程度，汪文的管理策略应该由集权向授权转变，但他却无视博弈形势的变化，仍然什么事情都一把抓，把自己搞得身心俱疲，无法站在更高的角度去审视团队的发展方向和前景，没有收到什么好的效果。

所以，在管理博弈中，作为一名团队的管理者，你应该放下包袱，像运筹帷幄的将军一样，有所为，有所不为，通盘考虑大局，主抓大方向上的事务，而将具体的实施工作交给下属去做。这样，双方各有分工，各司其职，才能够维持公司的正常运转。

1. 学会置身事外

在团队中，管理者完全可以将自己从各种繁杂的具体事务中解放出来，专注于管理决策、经营目标、大政方针、成果检查、部属培养等重大问题上，同时给予下属足够的信任，让他们凭借自己的能力，在最短的时间里有效地完成任务，而这也正是管理者对下属及其能力最起码的尊重与认可。

2. 做教练，而不当管家婆

一个管家婆式的管理者注定是失败的，而一个成功的管理者则往往扮演了教练的角色。他们知道哪些事情可以交给下属去做，哪些事情要亲力亲为，知道在什么时候给下属什么样的指导，也知道怎样做才能最大限度地调动下属的积极性，否则，就会放权不成，反而使公司处于混乱的状态。一般而言，对公司来说非常重要，其利害得失对整个团队或公司的影响非常大，那么，这样的事情就绝对不能下放给下属去做。

3. 了解员工，视能授权

采取授权策略的前提是要了解员工，量其能，授其权，将不同的权力下放给不同能力水平、不同知识水平的员工，让每一个人都能发挥最大的作用。这样才能够既解放自己，又不影响团队的建设和发展。

一般来说，不熟悉业务的新员工可以承担一些最基本的事务性工作，帮助他们快速了解工作流程和基本的工作技能，此时，管理者需要对其进行适当的指导。有一定的工作经验，但不能独当一面的员工，可以给他们一些有挑战性，但不是很重要的工作，只在必要的时候给予他们工作支持。对于很有经验和技能水平很高的员工，管理者可以让其独揽一些重要事务，如重要项目的谈判、公司主要客户的拜访、公司重要决策的制订等，管理者只需要提供支持即可。对于公司的核心员工，管理者只需要交给其工作的大方向、主题、目标等即可，只要工作不失控，至于剩余的事情，完全可以让其自由发挥。总之，在采取授权策略的时候，管理者只要把握知人善任、人尽其才、因人而异的原则即可。

第十三章

商战博弈：险中求生，寻找优势与均衡

商场博弈，智者的金钱游戏

正所谓"商场如战场"，此言委实不虚。战场上钩心斗角、尔虞我诈、你来我往，形势瞬息万变，一将功成万骨枯；商场上亦是兵不厌诈、针锋相对，商机一旦错过，往往便差之千里。如果说战场博弈，是勇者的智勇较量；那么商场博弈，便是智者的金钱游戏。

世界著名钢笔品牌派克钢笔自1889年申请专利到现在，已经长盛不衰达100多年，年销售量多达5500万支。它自诞生之日起就一直伴随着世界上的许多重大活动，见证历史，传播文明。然而，100多年后，派克钢笔却在和竞争对手克罗斯的较量中落败。

当时，随着人们书写方式的改变，钢笔市场的竞争越来越激烈，为了保持自己的优势地位，派克钢笔在新任总裁的带领下开始寻求突破方向。与此同时，克罗斯公司也开始行动。

几经分析后，派克钢笔希望以拓展新市场为突破点。克罗斯公司则意图在稳定高档市场的同时，尝试开拓低档产品市场，并有意将这个计划透露给了派克公司。

派克钢笔新总裁得知克罗斯的计划后，遂决定在高档产品市场疲软的时候，马上开拓低档产品。

克罗斯公司见状，马上调整了自己的策略，它一面装作恐慌的样子，打广告显示出要和派克公司竞争低档市场，一面趁着派克转移目光、高档钢笔市场疲软的时候迅猛出击扩大在高档钢笔市场中的份额。

派克公司本意是借着开拓新市场的机会使公司走上新的发展道路，

却不承想，等它回过神来，高档市场已经被严重冲击，市场占有率下降到只有 17%，销量更是只有克罗斯公司的一半，而其低档钢笔市场的开拓工作也严重受阻，之前投入的巨大成本都打了水漂，并未实现盈利。这是因为，在以往 100 多年的发展历程中，派克钢笔已经成为一种气质、一种体面，人们为得到一支派克钢笔而感到骄傲和自豪，也将之当作赠送礼物的一个上好选择。而如今，在低端市场同样能买到派克钢笔，严重损害了派克钢笔的品牌形象，这让那些钟爱它的人情何以堪呢？

就这样，派克钢笔被拉下了神坛。

可以说，在派克与克罗斯的竞争中，博弈一直如火如荼地进行着，双方各自在自己的预判下选择了策略。派克公司在高档钢笔市场疲软的时候选择开拓新市场，而突破口就是开发派克低档钢笔市场，并受克罗斯公司"泄露"出来的信息的诱导，最终走上了错误的道路。事实上，在这个过程中，派克公司完全有更好的选择，比如，引入一个新的品牌。但它没有这么做。克罗斯公司面对强劲的对手，选择了欺骗策略，它本来选择进军高档钢笔市场，却故意将"开发低档钢笔市场"的意图透露给对手，然后以欺骗策略掩盖自己的真实意图，让对手在其误导下越陷越深。双方中输的一方输掉了客户，输掉了投入的成本，输掉了在市场中的霸主地位；赢的一方赢得了巨大的市场份额，赢得了前所未有的利润，赢得了高档钢笔市场的招牌地位。

商场博弈就是这样，赢的一方就可以获得财富，输的一方则会输掉老本。正所谓"不管白猫黑猫，抓住老鼠就是好猫"，在这场博弈中，博弈者需要步步为营，扎扎实实，采取最佳的策略，为分得更大一块蛋糕而努力拼搏。

1. 坚持底线

在商场博弈中，赢得竞争、获取财富、实现价值固然是终极目标，但这并不意味着你可以放弃底线，为了金钱而不择手段、无所不用其极，而是要坚持必要的底线，不损人利己，不违法犯法。

2. 防人之心不可无

在商场博弈中常常会有陷阱。就像派克公司就在自己的发展过程中被人诱导，陷入困境。所以，博弈者身处其中，要记得：防人之心不可无。对收集到的信息要详加调查和分析，弄清楚其背后的真实意图，仔细分析利弊得失，然后从利益最大化的角度选择最佳策略。

3. 保持对风险的高度敏感

任何商业活动都是有风险的。派克公司在对手的期待下行动的时候就已经决定了其将来的落败，它的策略将自己置于极高的风险中。这也告诉我们，在博弈中，我们不能看到高利润后就丧失警惕，而要时刻保持对风险的高度敏感。

"鹰鸽博弈"，动作快才能吃上热豆腐

著名生物学家、博弈论大师约翰·梅纳德·史密斯根据鹰与鸽子这两种动物的习性，提出了著名的鹰鸽博弈。

假设一个苞谷场上有一群鸽子，突然有一只鹰飞来。这时，双方有三种选择：鹰全力以赴，孤注一掷，除非身负重伤，否则决不退却；鸽子温和隐忍，从不伤害对手，往往委曲求全；鹰鸽共生并采取强硬或者合作的策略，在没有其他鹰进入的前提下，突然加入的鹰将大大获益，这会吸引其他同伴加入，鹰鸽以一定比例共存。当有另一只鹰也加入时，所有鹰的收益都会减少。随着加入的鹰越来越多，而鸽子的数量却并未增加，鹰与鹰之间为了获取食物必将发生争斗。于是，当鹰的数量达到一定程度，所有鹰的收益都将为零（鹰群发生内斗），此时，均衡将到来。

毫无疑问的是，在鹰鸽博弈中，率先进入农场的博弈者获益最大，而后进入农场的博弈者收益会减少，越晚加入的博弈者，收益就越少，直到最后完全无利可图。在商场上，类似这样只有动作快才能吃上热豆腐，动作慢则无利可图的事情数不胜数。

商界流传着这样一个故事。2003年的一天，一个小个子男人走进杭州一家媒体的办公室找到一个媒体人，对他说自己想做一个可以在陌生人之间实现付款的项目。这个媒体人是某名牌大学经济系毕业生，很清楚付款一般是有联系、相互信任的人之间的经济往来，而陌生人之间毫无信任可言，怎么可能付款呢？更何况，此事从无先例。他觉得这简直就是个玩笑。

后来，支付宝横空出世，开启了陌生人之间顺利付款的先例。2014年，作为国内的第三方支付平台，支付宝开始成为全球最大的移动支付服务商。而那个小个子男人，就是马云。

他在国内第三方支付平台还方兴未艾时慧眼识珠，认定了这必定是个商机，抢占了第一块蛋糕，成为国内第三方支付平台的霸主。后来，其他的支付平台也陆续出现，却无法赶超支付宝的地位。如果马云错过了这个先机，就会丧失先动优势，只能被动应付。

事实上，有时错过一个时机，便错过一个时代。在商业博弈中，跑得快的、先进入新市场领域的博弈者往往可以获得更多的潜在竞争优势：能够获得稳定的顾客基础，从而为业务扩展、规模扩张、利润提升提供更多的机会。而后进入者则没有这方面的优势，只能从先进入者开辟的市场中分一杯羹，所面临的竞争压力也更大，有时候甚至要提供给先进入者的顾客一定的优惠才能使其转向己方。先进入者还可以凭借稳定的顾客基础建立起自己在本领域内的非正式领导权，自行建立行业规则，从而引领新市场的发展方向。

我们可以这样说，多数情况下，先动优势意味着更强的竞争力、更多的利润、更稳固的市场地位，从而在博弈中取得胜利。商业博弈中，"第一个人得到牡蛎，第二个人得到贝壳"，在先动优势的时代，你是否已经开始行动起来了呢？

1. 在市场上缺乏某些关键性资源的情况下，先动为王

在市场上缺乏某些关键性资源的情况下，先动为王。在全民都依赖银行转账和现金支付的情况下，能够提供快捷、安全的第三方支付的支付宝便具有先动优势。在实体店购物称霸市场、顾客只能逛街购物的情况下，能够提供不必出门、不必逛街、在家就能收货的安全的网购就能够获取先动优势。在某个商业区里所有商家都摆出一种闲人勿进的态度的情况下，能够提供热情、周到、急人所急的人性化服务的商家也必然

能够脱颖而出，获取先动优势。总之，商业竞争和博弈中，跑得快就是做别人没有的生意，赚别人没赚的钱。

2. 大家都有某种资源时，跑得快者为王

当其他博弈者都有某种资源，都有机会占据市场的情况下，跑得快者为王。比如，银座百货的兴起便是在众多传统百货店囿于经营模式单一、环境不讲究、服务不到位、业务定位不明等现状急需突破的情况下，大踏步行动，打造了直接瞄准中高端收入群体的中高档综合百货商场，采取开架销售，甚至连商场中灯光的亮度调节到什么程度才能让顾客舒适这种细节问题都做得很到位，从而迅速占据了中高端市场，成为百货行业屹立不倒的赢家。事实上，在商业博弈中这样的事情非常常见，尤其是在如今各种产业发展成熟的时代，真正引领一个时代的创新其实并不多见，更多的只是你一年换一次菜单，我一周推出一批新菜品，你还在筹备阶段，我已经开张营业这样的比快的竞争博弈。所以，要想赢，就要比别人多做一些，比别人步子迈大一些。

别拒绝营销，酒香也怕巷子深

　　从某种程度上来说，商场博弈就是一场场不完全的信息博弈，消费者和商家之间通常都存在着信息不对称的情况。

　　从消费者的角度来说，信息的缺失会让自己面临更多的被欺诈的风险，意味着自己的可选择范围受到限制，而获得足够的信息则能够避免这些风险。

　　从商家的角度来说，缺少对消费群体的信息，可能会让自己做出错误的决策，对产品的市场潜力、适用范围、风险规避等不能采取理智的策略。向消费者传达信息即宣传不到位，很可能会失去一些客户群，降低自己的产品和服务的影响力，以致在竞争博弈中惨遭淘汰。而"酒香也怕巷子深"说的就是这种因为商家的宣传不到位、信息传递不够使得自己在竞争中处于劣势的情况。

　　无数的事实证明，"真金不怕红炉火，酒香不怕巷子深"的时代已经过去，那种仅仅凭借自身浓郁的"酒香"吸引四面八方的顾客的营销理念已经不能适应新形势。在这个互联网时代，信息传播速度快，消费者每天都接收到大量的市场信息，如果没有精良的产品运营，自家产品的信息很快就会被新的信息所覆盖，根本传递不到消费者那里。这样，消费者因为没有获知信息造成的信息劣势会使他完全抛弃该产品，而商家也会因此遭受损失。所以，如今，酒香也怕巷子深，好产品也需要宣传，才能在市场竞争中站稳脚跟。

　　一位餐饮店老板多方考察后，选择在春明街开一家高档的酒楼，名字就叫明威养生馆，为顾客们提供各种高、中、低档的海鲜食品。为了保证海鲜的质量，酒楼专门与海边渔民签订协议，由渔民长期直接供货。

这家酒楼地处当地最繁华的街道，虽然街上还有其他的高档酒楼，但胜在周边是大片的写字楼和一片中高端住宅小区，环境不可谓不好。谁料到，开业半年后，酒楼的生意却并不是很好。眼看着这条街上其他大大小小的酒店、小吃店门庭若市，经常有人找不到停车位，而酒楼的门前却总是门可罗雀，很多食客根本不知道这里到底卖什么，还有很多人以为这家酒楼的老板是故意这样做，要的就是这种四平八稳、气定神闲的风度。

半年后，该酒楼因为食客太少、入不敷出而关门大吉。这时，人们才知道，这家酒楼并非单纯姿态高贵，而是因为他们根本就不知道怎样搞宣传，好好的"美酒"生生等死在深巷中。

在明威养生馆与周边竞争者、食客的博弈中，明威不做宣传，使彼此之间产生了巨大的信息阻断，以至于直到明威倒闭，人们才意识到这是家海鲜酒楼。这样的悲剧原本是可以避免的。现如今，任何一个行业，消费者都有无数的选择。新店开业，其顾客黏性固然需要优质的产品和服务，但客流量需要大声吆喝、精妙的营销才能获得，必然需要有效的市场营销，引导目标客户群走进店门，然后才能留住他们，提高顾客黏性，否则，一切都无从谈起。

所以，身处商场博弈中，即使是"酒香扑鼻"，也别拒绝营销，而要大胆宣传、巧妙宣传，内容独特、手法新颖、充满诱惑且富有市场感召力，让消费者认识、了解、接纳，最终从内心产生共鸣感。

1. 抓住顾客的消费观念

年轻人会偏重产品的个性化、独特性、时尚性，只要不超出自己的消费能力，一般都会大方做出购买的决定。老年人会侧重物品的实用性、牢固性、舒适性等，消费时更谨慎，但比较在意承载在产品上的情感属性；女性有冲动消费的特征，而男性则更理性……每个群体都会有自己的消费观念。面对这些形形色色的博弈对手，商家在做产品推广、企业营销的时候，要细分、找准特定的目标顾客群，抓住顾客的消费观念。

2. 以产品的核心魅力当作宣传内容

博弈是为了逐利，而营销或推广的最终目的是为了卖出产品或服务，获取利润，为企业的进一步发展奠定坚实的基础，所以，任何产品营销或推广都应该把产品的核心魅力当作宣传内容。

3. 抓准产品风格特色、精英路线

有些公司或店铺在宣传自己的产品或服务的时候，常用的营销手段是四处发广告，让店员或促销员站在门口大声吆喝"降价了，便宜了，错过就是损失""每天一款特价菜""周六下午上百种菜品免费品尝"。但是，很多时候，这毫无新意的博弈策略不但达不到企业想要的效果，反而适得其反，让人觉得便宜没好货，企业或店里的产品必定生意不佳、没有人气才降价促销。事实上，任何一种产品或服务都不会只有"价廉"这个特点，而是有着自己独一无二、不可替代的风格特色，营销推广、产品运营就是在众多因素中抓准产品或服务的风格特色，走精英路线，让产品看起来更高端。所以，商场博弈中，营销，要么不做，要做就做到百分百，准确地抓住产品的风格特色，让产品以其独有的特点深入人心。

4. 做好执行细节

决定一场博弈最终走向的往往是一些细节问题。在商场博弈中，一个产品的成功推出，除了营销模式、营销内容、产品风格、品牌路线等大方向的出色，也离不开细致入微、至善至美的细节把握，诸如宣传册、版面设计、广告语、产品名称、网络推广文案等细节都要做到位，给人专业而细致的印象。

5. 不懂就交给专业人士

每个行业的博弈都会有每个行业的独特之处，自然也都会有自己的专业人士。营销、产品的运营也不例外。专业的事情要交给具有专业知识的人员去做，才能够最大限度地发挥营销的作用，如果其中任何一个细节出现问题，都可能使整个运营工作损失惨重。所以，组织者不可以为了省心而将事情交给似懂非懂的人做。

改变博弈策略，用局部优势促成全局胜利

相传战国时期，田忌与齐王赛马。田忌的马不好，难以战胜齐王，后在孙膑的建议下，改变三匹马的出场顺序，以下等马对阵齐王的上等马，以中等马对阵齐王的下等马，以上等马对阵齐王的中等马，果然以三局两胜的成绩战胜齐王。

在田忌和齐王的博弈中，原本处于劣势的田忌改变博弈策略，放弃下等马，用中、上等马对阵齐王的下、中等马，以局部优势夺取了全局的胜利。这个故事告诉了我们一个道理：懂得取舍，才有收获，局部优势也可促成全局的胜利。在商业博弈中，这样的事情也有很多。

1994 年，传媒大亨默多克面临一个难题：当时默多克发行的《纽约邮报》的售价为每份 40 美分，但按照这个价格，公司将面临巨大的运营负担，所以，他要尝试将报纸的价格上调到 50 美分。但问题是，他的竞争对手完全不接招，仍然保持着原来的价格。如果自己调价而对方不调价，现有的双方共同占据市场的均衡性就被打破，完全没有价格优势的己方就会在竞争中处于劣势，报纸销量会立刻下降。怎么办？

思考多时的默多克终于下定了决心，他拿起电话发出了命令："从明天起，在斯塔滕岛，把报纸的价格下调为 25 美分！"这个价格已经跌破了成本价，简直就是赔本赚吆喝。

一开始，大家都认为必将发生价格战，最终导致两败俱伤，都已经开始猜测《每日新闻》会将价格下调到多少，可是没想到，《每日新闻》不但没有调低价格，反而将价格上调到了 50 美分。

事情的变化让大家目瞪口呆。

这时，另一件让人意外的事情发生了：《纽约邮报》立刻将价格上调到了50美分，新的均衡状态就此形成。

这是怎么回事？

原来，默多克清楚地知道，对方必然知道价格战的结果是两败俱伤，这是一个双输的策略，所以，不到万不得已，谁也不会选择价格战。提高价格则可以降低企业的运营成本，但也可能会造成读者流失，同样具有风险，这并非优势策略。如果一方提价而另一方不提价，那么，提价的一方必然落于下风。所以，不到万不得已，谁也不会率先提出涨价，除非大家一起提价。但是，没有人可以肯定《纽约邮报》提价，而《每日新闻》也会提价。在这种情况下，默多克知道全面降价或全面提价都是不明智的行为，于是选择了在斯塔滕岛这个局部市场上把价格降为25美分，用实际行动告诉对手，倘若必要，自己有能力报复性地进行价格战。《每日新闻》明白了这一点，为了避免无益的价格战，终于选择提价。这种策略就是成功地以局部优势促成全局胜利的典型案例。

全局和局部从来都是相互依存、相互作用的，全局的变化可以影响局部，局部的变化也可以影响全局。当形势决定了无法在全局上战胜对手，博弈者也可以从局部找到突破点达到克敌制胜的目的。

1. 把注意力放在对手的身上找弱点

很多公司在发起进攻时，总是把注意力放在自己身上，希望凭借一己之力在价格、质量、广告等某个方面压倒对方。但问题的关键在于，那些在长期竞争中领先于自己或者与自己打成平手的竞争对手往往拥有强劲的实力。你降价，对方完全可以也降价，这样，你很可能是在亏本经营，而对方可以凭借强劲的实力得到微利，即使没有微利，也可以把你拖垮；你拼质量，而对方的实力决定了他随时可以加大在产品质控方面的投入，制造出品质更好的产品。换言之，当你专注于自己且手中只有一张牌时，这张牌往往就很容易变成废牌。所以，与其盯着自己，在自己身上找突破口，不如把注意力放在对手的身上，从对方身上找到其弱点或者突破口，然后对症下药。

2. 边缘创新，在狭窄的山头竞争

硬拼无法制胜时，改变局部力量的对比、进行边缘创新、在狭窄的山头进行竞争博弈也是一种不错的方法。这是因为，在可见的核心地带必然竞争激烈，而大公司也有绝对优势、足够的实力去硬拼，而中小公司则一般不具备这种实力。相反，在边缘地带，大公司因为体量庞大，掌控全局，在灵活性方面就会受限，在边缘地带的控制力更是有限。这样，中小公司就可以在边缘地带集中力量，撕开突破口，在博弈中获取优势地位。

用好边缘策略，吓跑竞争者

商战中，所谓边缘策略，就是在博弈产生冲突的过程中形成有效威慑的逐步升级备战状态，而不直接产生对抗行为。在逐步缩小自身策略空间的同时，增加冲突和对抗状态的不可控性和不确定性，迫使对方让步。

边缘策略始创于美国前国务卿杜勒斯提出的"战争边缘策略"：不怕走战争边缘，但要学会走到战争边缘，又不卷入战争的必要艺术。强调将冲突情况逐步升级直至战争爆发边缘，但不主动触发战争，以战争爆发边缘施加强大压力，迫使对方做出对己有利的退让。后来，该策略被托马斯·谢林教授加以理论化，成为系统的边缘策略理论。用在商战博弈中，该策略就是制造风险，直到博弈对手难以承受而不得不改变期望，最终依照你的意愿行事。

事实也证明，在没有更好的优势策略的情况下，边缘策略往往可以吓跑博弈对手，用最小的代价实现利益最大化。

一条街道上开了一家百货商店，因为该街道位置偏僻，没有其他的竞争对手，所以商店的生意很不错。后来，商店老板发现有两个人多次来此地考察，还听到两人在讨论在此地开店的可行性。

商店老板意识到了危机，这条街本身客户群体就有限，如果有新的竞争者加入，自己必定赚不到钱，甚至还可能因生意清淡而赔钱。于是，他想了一个办法，等那两人再次到来，想要寻找合适的店铺的时候，故意在两人身边大声与人谈论："这地方这么小，能赚多少钱，如果有人敢来这里开店，自己一定会疯狂降价搞死他，哪怕是同归于尽也没关系，自己赚不到钱，别人也别想赚钱！"

但这招没有奏效，一个月后，同一条街上一个新的店铺开始筹备，商店老板就着急了，马上行动起来，狠狠心盘下了旁边一间店铺，将两间店铺打通成为一家，赶在那家新店铺开张前，重新进行了装修。扩大的店铺环境更好了，商品质量也更好，但价格却没有提高，物美价廉、环境优美的百货商店留住了原有的顾客群，还吸引了附近街区的顾客也到这里购物。而那家新开店铺的生意却非常惨淡。

后来，那家新开的店铺便没了动静，过了一个月，它的门前挂出了转让的牌子。

在百货商店和新的竞争者的博弈中，百货商店的老板就是利用了边缘策略。他在初步威胁无效的情况下，以实际行动，用更快的速度扩大了规模，让对方知道，他已经进行了投资，如果出现新的店铺，价格战就是避无可避的。双方就会像站在悬崖的边缘一样，只能血拼到底。而这种状况一旦成为现实，虽然百货商店占不到什么便宜，而新店也必将面临巨大的生存压力。这样，意识到这点的对手就会知趣地离开。

可见，边缘策略可以兵不血刃地吓跑竞争对手，从根本上改变讨价还价的对抗进程，促使对方选择合作，最终达成协议，可谓一箭双雕。不过，在运用这种策略的时候，要注意以下几点：

1. 会兑现的恐吓，才是真正的威胁

边缘策略的关键在于，虽然不会发生，但风险真实可信，只要对方不退却，恐吓就必定会变成现实。这样，对方才可能正视对抗的后果很严重这件事。所以，使用边缘策略时，博弈者所发出的恐吓一定要可信。必要的时候，博弈者可以用实际行动来印证自己的威胁，让对方意识到，如果对方不退让，自己就一定会兑现诺言。

2. 让潜在风险足够大

如果执意对抗的后果于博弈对手的利益得失而言并没有太大影响，则必定不能发挥效用。所以当博弈者采用边缘策略的时候，为了保证策略的可信度，就必须保证潜在的风险足够大，大到超过对方在此事中可能得到的最大收益。这样，对方为了避免不必要的损失，就会主动选择退让。

第十四章

谈判博弈：学会讨价还价的艺术，做大自己的蛋糕

分蛋糕博弈：分享比独享更显力量

分蛋糕博弈来源于这样一道题目：两个人分一块蛋糕，因为担心切蛋糕的人会给自己多切一些，双方为如何公平分配争执起来。

有人提出这样一种方案：让一方把蛋糕切成两份，让另一方先挑选。在这种制度设置之下，如果切得不公平，得益的必定是先挑选的一方。切蛋糕的一方为了维护自己的利益，就会尽可能地把蛋糕切得均匀，这样，双方便皆大欢喜。

但问题在于，切蛋糕的人心中的公平是以自己的标准界定的，比如，垂直下刀，切出左右两块平均分配。这样，如果切蛋糕的一方与挑选蛋糕的人的爱好不一样，比如你喜欢巧克力，而我喜欢上面的奶油，……事情就会变得复杂：谁拿哪一块儿？

有人给出了另外一种方案：切蛋糕者仍然按照自己的标准去公平地分配蛋糕，但是，实际吃蛋糕的时候，双方可以彼此分享，这样两人都能够吃到自己喜欢的；两人分到的蛋糕都是大小相同的，这要比独享自己分得的那份蛋糕更有意义。

分蛋糕博弈尝试性地探索了资源的分配与公平问题的解决方案。它揭示了这样一种可能性：分享要比独享更显力量。事实上，即使在博弈谈判中，分享也比独享更得人心。

分享变对抗为合作，化解了危机，减少了冲突的可能性，在承认双方的利益分歧、争取己方利益最大化的基础上，着力于建立更为友好、更长远的良性关系，使博弈双方实现共赢成了可能。

在谈判博弈中，相对于独享，分享降低了对手的敌对意识，使我们不会面临对抗，既降低了谈判成本，又增大了预期收益，可谓皆大欢喜。更何况，谈判博弈原本就不是为了对抗，更不是为了制造对立，而是为了协商，是为了实现双方利益的最大化。所以，在谈判博弈中，我们要有尽力追求利益的意识，也要能够和对手分享。

1. 谈判博弈前牢记自己的目标与底线

在谈判博弈中，有些条件是可以答应的，有些利益是可以分享的，但有些条件和利益是不可妥协，也不可放弃的。谈判博弈开始前，博弈者必须明白自己坐下来谈判的目标是什么，底线在哪里，不能妥协的地方在哪里。总而言之，你必须牢记自己的目标与底线。

2. 让对方也能获得预期的收益

在谈判博弈中，任何合理的利益都是应该得到尊重的。同样，对于博弈对手的目标与底线、期望与妥协，我们也应该清清楚楚，并愿意满足对方，让对方也能获得预期的收益。

3. 分享实实在在的利益

通过谈判博弈，博弈双方的权责会得到清晰明确的界定，各方需要付出的和能够得到的回报都清清楚楚。同样，拿来分享的利益也要是实实在在的，能够让博弈对手看得见。即使是虚化的利益，博弈者也要摊在桌面上，打开天窗说亮话，让对手明白自己出让了什么利益。这样，当你为自己进一步争取回报的时候，才可能得到对手的认可。

学会保密，不要过早泄露自己的底牌

在谈判博弈中，信息同样是重要因素，尤其是事关双方的实力、底线等底牌信息，更是关键的制胜因素。如果过早地将这些重要的信息暴露给对手，很可能让博弈者陷入无路可退的境地。反之，若能隐藏好，就会成功地迷惑对手，让对方因为不知道博弈者还有何后手而心存忌惮。

所以，对于博弈者来说，己方的实力与底线应该是在谈判博弈中扭转局势，甚至反败为胜的最后武器，而且要达到目的的欲望越是强烈，就越是要保护好自己的底牌，以免招来对方的得寸进尺。

谈判专家赫伯·寇恩受命到东京去谈一个单子。来之前，上司明确要求他在两周之内拿下这单生意。下飞机后，他一走出机场，已经等待多时的日方代表就迎了过来，90度鞠躬热烈欢迎他的到来，还热情地帮他拿行李，带他出了海关，请他上了一辆高级豪华轿车。车子启动后，日本代表热情地说："作为我们的贵宾，好不容易到日本来，我们一定会竭尽全力让您感到舒适愉快，如果有什么需要，就尽管让我们去办理。"面对这份热情，赫伯十分感动，所以，对方一问起他的日程安排，他就一五一十地全部告诉了对方，甚至连自己计划什么时候返程都告诉了对方。

在日本代表的安排下，赫伯在一家十分舒适的酒店住下。他决定休息一晚，谈判的事情放到明天再说。第二天，日本代表热情地陪着他到日本的名胜古迹去参观游览，晚上，还安排了4个小时的盛大宴会招待他，谈判也就谈不上了，赫伯也乐得放松一下。第三天，依然如此。第四天、第五天……每当赫伯提出谈判的事情，对方都会说："不急，不急，时间还很多。"在吃吃玩玩中，时间一天天过去，第十二天，日本人终于开始谈判了，不过这天，日本人专程为赫伯安排了高尔夫球友谊赛，谈判当然就提前结束了。直到第十四天，赫伯的回程日期到了，谈判也终于进行到核心阶段。双方正谈到核心问题上，送赫伯去机场赶回程飞机的轿车到了，日本人建议在车上继续谈。到了车上，日本人提出了很多出乎赫伯意料的条件，但赫伯已经没有时间去讨价还价了，即使他想再争取一下，也有心无力。因为来的时候，董事长就告诉过他，无论如何都要拿到合约。最后，赫伯不情不愿地答应了对方的条件，在下车之前匆匆与对方签订了协议。

在这场博弈中，赫伯最大的失误就是在博弈一开始就将自己的返程时间告诉了对方，使得对方得以迅速调整策略，故意放慢谈判节奏，不动声色地拖延时间，一直等到他离去之日才开始商讨核心问题，但这时他已经没有更多的时间去和对方周旋，而只能接受对方的意见。

对方知道得越少，我们就越容易占据优势。这也告诉我们，谈判博弈中，牌要一张一张地出，而那张最有威力、很有可能帮助你一击制胜的关键性的牌自然要牢牢握住，不到最后一刻，或者不到最恰当的时刻，绝不打出。

1. 耐心等待

俗话说：心急吃不了热豆腐。一方的贪婪往往是另一方急于求成造成的。在利益的争斗中，一个不懂得藏好自己底牌的人，即使起初在博弈中占有优势，最终也大多会转为劣势，并沦为输家；而一个懂得掩饰自己意图，让别人摸不清底牌的人，在与人博弈时往往能占据主导地位。因此，在谈判博弈中，急于求成、妄想交出底牌一步到位是大忌。博弈者要保持足够的耐心，从容安排好一切策略和方案，尽量保持神秘感。这样，既有利于实现利益最大化，也能够在关键的时刻给自己留下更多的回旋余地。

2. 关键时刻一点点吐露，不要和盘托出

即使是到了关键时刻，展露底线也要注意技巧。相较于和盘托出、一下子将自己的底线暴露无遗，很明显，慢慢地展现自己的力量更容易收到良好的效果。比如，你的底线是在15日之内以每股20元的价格拿下某公司的股份，那么，你完全可以先给出博弈时间期限，然后当双方僵持到一定程度，再告诉对方自己可以接受的价格。它可以加强对方对我们的了解和接受，也有利于降低自身的谈判成本，增加己方的利益。

适当沉默，不出声比喋喋不休更有效

　　谈判博弈并不意味着就一定要针锋相对、喋喋不休。事实上，沉默也是一种力量。当博弈对手出言挑衅或者以气势压人的时候，沉默甚至比任何谈判策略都更有震慑力，常能使对方自知理亏，自觉无趣，从而改变看法和策略，打破博弈的僵局。

　　在一起收购案中，甲、乙两家公司进行了一场艰苦绝伦的谈判博弈。这场谈判对于双方都有着非常重要的意义。如果成功，双方将会建立起较好的合作关系，成为盟友，共同垄断本地市场，但一旦谈判失败，双方将重新陷入针锋相对、打价格战、打消耗战的泥潭里。对于这一点，双方都有目共睹，而这也正是两家处于竞争关系的公司愿意坐下来商谈的原因。不过，甲公司在技术方面更有优势，甲方代表凭借此优势不断指责乙公司不顾道义虚假宣传，而且搞价格战搅乱市场秩序。他们滔滔不绝、言辞锋利、态度激动、气势逼人，企图利用气势上的压力迫使乙方做出让步。然而，在他们的整个发言过程中，乙方代表都表情平静，一言不发，只是看着对方，听对方说。一直等到对方声嘶力竭地吼了很长时间，最后喘着气停下来，乙方代表才泰然自若地问："你们说得实在太快了，又一下子说这么多，我不是很明白你们在说什么，请你们再说一遍好吗？"

　　甲方代表愣了片刻，压着愤怒问："你们哪里没有听明白？"

　　乙方代表表情很温和："你们刚才说的，我都不是很明白。"

　　甲方代表虽愤怒，却很无奈，只好将刚才说过的话又说了一遍。乙方代表听后还是一言不发，只是看着对方。

甲方代表无奈，深吸一口气："好了，说说你们的条件吧。"

就这样，泄了气的甲方代表最后退让，给出了更有利于乙方的条件。

在甲乙双方的博弈中，面对甲方咄咄逼人的攻势，乙方没有正面对抗，而是选择适时沉默，消耗对方的锐气和耐心，也表达了乙方对甲方开出的条件的不满。在此情况下，甲方毫无招架之力，只能做出让步，使博弈最终更有利于乙方。

可见，适当沉默比喋喋不休更有说服力，它可以迅速消除语言传递中的种种障碍，帮助己方整理思路，同时也使博弈对手陷入精神疲劳的状态，在无处着力的困境中重新调整策略。不过，沉默策略具有特殊性，使用时必须注意以下原则：

1. 控制沉默时间

沉默的根本目的是促成合作，而不是激怒对方，让对方失去耐心使得博弈破裂。所以，使用沉默策略的时候一定要控制沉默的时间，在对方挑衅的气势开始平静、话语告一段落时，及时抓住时机，给予对方回应。

2. 语气要温和，神情要冷静

需要用到沉默策略的场合往往都是对方咄咄逼人、针锋相对，或者情绪激动，甚至口不择言或者傲慢无礼的时候。在这样的情况下，博弈者一定要保持语气的温和与神情的冷静，给对方泼一盆冷水，使其怒气无处发泄而消于无形的同时，也向对方传达出决不退让的决心，千万不要因被对方的怒气所激也怒火攻心，而失去理智。

3. 适时点拨对方

当博弈对手的情绪开始缓和下来或者口风开始松动以后，博弈者要及时结束沉默，重新回到之前争论的节点，并重申自己的要求，以免过犹不及，使对方愤怒之下拂袖而去。

4. 要有恰当的理由

任何博弈策略的采用都有其特定的理由，沉默策略也不例外。博弈者要为自己的沉默寻找一个恰当的理由，如不懂某个问题、不理解对方的理由、对某个细节不满等，这可以让自己的沉默看起来顺理成章，而不是给人挑衅的感觉。

用让步换取利益最大化

谈判博弈，既是谈判利益相关的博弈双方彼此试探和争取的过程，也是双方争取利益最大化的过程，更是彼此妥协的过程。在这个过程中，双方坚持自己所追求的最终目标，并为了达到这个目标而在某些方面做出让步。甚至，从某种意义上说，为了达成协议，让步是博弈双方必须承担的义务和责任。倘若寸步不让，最后只能一无所获。

一家服装公司要找到合适的代理商销售自己所生产的成衣，服装公司代表前前后后拜访了十几家代理商，洽谈刚开始都进行得非常顺利，服装的进货量、压货处理等问题都商谈过了。但是，到了价格这个问题，由于服装公司寸步不让，始终坚持单价150元，而代理商坚持报价80元，双方谁都不愿让步，以至于谈判进行不下去。

最后，服装公司总结经验教训，又仔细分析了自身的成本投入、运营情况、纯利润等，将价格降到120元，这才找到了愿意合作的代理商。

在服装公司和代理商的博弈中，服装公司因为过于坚持自身的原则和利益，寸步不让，浪费了大量的时间和精力。如果服装公司继续坚持自己的原价，很可能找不到代理商。事实上，无论何种形式的博弈，其本质大多都是用自己所有的交换自己想要的，所以，让步是无法避免的。但事关利益，即使是让步，也不能无条件地胡乱让步，而要掌握让步的基本原则。

1. 小步伐、慢节奏让步

轻易得来的东西往往不被珍惜和重视。谈判博弈也是这样，对方要求降价100元，若你爽快地答应，对方只会觉得自己买亏了。所以，让步的第一原则就是小步伐、慢节奏。具体而言，就是让步的幅度一定要小，可以只让10元的，绝不让出20元；让步的节奏一定要慢，可以分成三次让步的，绝不一步到位。总之，你要让对方感觉到让步得来不易，越来越难，越来越慢，故而是值得珍惜的。

2. 双方共同做出让步

谈判博弈是双方的事情，让步也应该是双方共同的行为，要由双方共同努力达成。所以，当你已经做出了第一次让步，就一定要要求对方也做出相应的让步，使己方的利益在其他方面做出适当的补偿。如果对方来而不往、置之不理，请马上终止让步行为。

3. 该让则让，但核心利益要坚持

在博弈中，即使是让步也要统观全局，分清利害关系，避重就轻，该让的地方大方出让，但涉及核心利益的基本目标、底线则要毫不犹豫地坚持。如果遭遇对方的一再要求，就要有理有据、坚决而不失礼貌地指出对方的不当之处。

4. 注意次数

虽然让步可以消除障碍，推动博弈双方走向合作，但不可以无限次让步。所谓"事不过三"，让步的次数一般不要超过三次，以免让博弈对手得寸进尺，觉得你还能再让步。不仅如此，每次让步的步伐应该一次比一次小，千万不要步伐越来越大地让步或者出现两次让步幅度一样的情况。

"最后通牒"的讨价还价术

最后通牒就是指当双方因某些问题无法达成一致而纠缠不休时，其中处于有利地位的一方向对手提出最后的交易条件，迫使对方在接受交易条件和结束博弈之间做出选择。这种策略的关键在于，向对方表明不接受条件的后果。如果这种风险超出了其投入的成本，对方就可能在"如果你继续这样，那么我放弃谈判"下最终选择妥协。

两名教授去一所大学应聘，两人中，一名是经济学教授，他是会计学硕士，有极为优秀的会计学的教学经验，同时也有经济学的教学经验；另一名是会计学教授，同样是会计学硕士，也有经济学教学资格，只是，他以前接触较多的反而是经济学教学工作，从事会计学教学工作比较少，所以会计学教学经验较少。这两名教授最后都通过了学校的严苛筛选，坐在教导主任前开始谈职位和薪酬。

这所学校教授会计学的报酬是 5000 元每月，教授经济学的报酬是 3500 元每月。但经济学教授工作时间较短，社会经验比较欠缺，对此不是很清楚。为了得到这份工作，他竭尽全力地介绍自己的优势，表明自己主修经济学，且教学经验丰富，另外还有过会计学教学经验。

而会计学教授工作时间长，经验丰富，也了解市场行情，还仔细了解过该校的情况。他告诉对方，自己是会计学教授，有丰富的会计学教学经验，但对经济学完全不通，如果让自己去教经济学，只会耽误学生，如果非要他教经济学的话，为了不误人子弟，他宁愿不要这份工作。

此时，教导主任已经没有别的教授可以选择，只能接受这两名教授。

他仔细想了想，决定让经济学教授教经济学，让会计学教授教会计学。

从常理来说，这两位中的经济学教授更适合做会计学教授，而会计学教授更适合做经济学教授。但本案例中之所以会出现不符合常理的结果，很重要的原因就是会计学教授选择了最后通牒策略，告诉对方"我只教会计学，不同意就算了"这个信息。在没有更好的选择的情况下，校方就只能接受这个实际上并不合理的方案。

同样，当我们在博弈中遭遇拉锯战或者对方态度强硬、不愿让步的情况时，也不妨拿出最后通牒，摆出不同意就拉倒的架势。

1. 最后使用

最后通牒策略比较强硬，很多时候，它等同于要么妥协，要么鱼死网破。一旦使用这种方法，谈判有一半的可能性会破裂，所以，它必须是在已尝试过其他的方法，但都没有达到目的之后使用。这时，己方的条件已经降到最低限度，双方都已无法承担策略失败所带来的损失，以至于非要达成协议不可。

2. 让对方加大投资

在采取最后通牒策略之前，己方可以设法让对方为此次合作进行必要的投资，比如，先在次要问题上与对方达成协议，尽可能地消耗对方的时间、精力，等到对方的"投资"达到一定程度时，即可使出撒手锏，令对方无法脱身。

3. 摆出证据

为了提高威胁的可信度，谈判者可以拿出一些令人信服的证据，用文件和道理作为证据来支持自己的观点，使最后通牒策略发挥出意想不到的效果。

图书在版编目 (CIP) 数据

　　一学就会的博弈学 / 任利红编著 .—北京：中国法制
出版社，2019.8

　　ISBN 978-7-5216-0319-4

　　Ⅰ.①一…　Ⅱ.①任…　Ⅲ.①博弈论－通俗读物
Ⅳ.① O225-49

　　中国版本图书馆 CIP 数据核字（2019）第 134846 号

责任编辑：李　佳（amberlee2014@126.com）　刘　阳　　封面设计：汪要军

一学就会的博弈学

YI XUE JIU HUI DE BOYIXUE

编著 / 任利红

经销 / 新华书店

印刷 / 三河市紫恒印装有限公司

开本 / 880 毫米 × 1230 毫米　32 开　　　　　　印张 / 8　字数 / 198 千
版次 / 2019 年 8 月第 1 版　　　　　　　　　　2019 年 8 月第 1 次印刷

中国法制出版社出版

书号 ISBN 978-7-5216-0319-4　　　　　　　　　　定价：39.80 元

北京西单横二条 2 号　邮政编码 100031　　　　　　传真：010-66031119
网址：http://www.zgfzs.com　　　　　　　　　**编辑部电话：010-66054911**
市场营销部电话：010-66033393　　　　　　　**邮购部电话：010-66033288**
（如有印装质量问题，请与本社印务部联系调换。电话：010-66032926）